建设工程计量计价实训丛书

市政工程工程量清单编制实例与表格详解

张国栋 主编

中国建筑工业出版社

图书在版编目（CIP）数据

市政工程工程量清单编制实例与表格详解/张国栋主编. —北京：中国建筑工业出版社，2015.5
（建设工程计量计价实训丛书）
ISBN 978-7-112-18137-7

Ⅰ.①市… Ⅱ.①张… Ⅲ.①市政工程-工程造价
Ⅳ.①TU723.3

中国版本图书馆 CIP 数据核字（2015）第 102883 号

本书主要内容为市政工程，以住房和城乡建设部新颁布的《建设工程工程量清单计价规范》GB 50500—2013、《市政工程工程量计算规范》GB 50857—2013 和部分省、市的预算定额为基础编写，在结合实际的基础上设置案例。内容主要为中、大型实例，以结合实际为主，在实际的基础上运用理论知识进行造价分析。每个案例总体上包含有题干—图纸—不同小专业的清单工程量—不同小专业的定额工程量—对应的综合单价分析—总的施工图预算表—总的清单与计价表，其中清单与定额工程量计算是根据所采用清单规范和定额上的计算规则进行，综合单价分析是在定额和清单工程量的基础上进行。整个案例从前到后结构清晰，内容全面，做到了系统性和完整性的两者合一。

* * *

责任编辑：赵晓菲 毕凤鸣
责任设计：李志立
责任校对：李美娜 党 蕾

建设工程计量计价实训丛书
市政工程工程量清单编制实例与表格详解
张国栋 主编
*
中国建筑工业出版社出版、发行（北京西郊百万庄）
各地新华书店、建筑书店经销
霸州市顺浩图文科技发展有限公司制版
北京富生印刷厂印刷
*
开本：787×1092 毫米 1/16 印张：7½ 字数：181 千字
2015 年 8 月第一版 2015 年 8 月第一次印刷
定价：**20.00** 元
ISBN 978-7-112-18137-7
（27368）

编 委 会

主　编：张国栋

参　编：洪　岩　马　波　马　彬　郭芳芳

赵小云　王春花　郑文乐　齐晓晓

王　真　杨进军　陈　鸽　李　娟

韩玉红　邢佳慧　宋银萍　王九雪

张扬扬　张　冰　王瑞金　程珍珍

郭小段　王文芳　张　惠　徐文金

前　　言

《建设工程计量计价实训丛书》本着从工程实例出发，以最新规范和定额为依据，在典型案例选择的基础上进行了系统且详细的图纸解说和工程计量诠释，为即将从事造价行业及已经从事造价工作的人员提供切实可行的参考依据和仿真模拟，适应了造价从业人员的需要，同时也迎合了目前多数企业要求造价工作者能独立完成某项工程预算的需求。

本书主要内容为市政工程，在编写时参考了《建设工程工程量清单计价规范》GB 50500—2013、《市政工程工程量计算规范》GB 50857—2013 和部分省、市的预算定额，每个案例总体上包含有“题干—图纸—不同小专业的清单工程量—不同小专业的定额工程量—对应的综合单价分析—总的施工图预算表—总的清单与计价表”，以实例阐述各分项工程的工程量计算步骤和方法，同时也简要说明了定额与清单的区别，其目的是帮助工作人员解决实际操作问题，提高工作效率。

本书与同类书相比，具有如下显著特点：

（1）代表性强，所选案例典型，具有代表性和针对性。

（2）可操作性强。书中主要以实际案例说明实际操作中的有关问题及解决方法，并且书中每项计算之后均跟有“计算说明”，对计算数据的来源进行详细剖析，便于提高读者的实际操作水平。

（3）形式新颖，在每个小专业的清单和定额工程量计算之后紧跟相应的综合单价分析表，抛开了以往在所有工程量计算之后才开始单价分析的传统模式。

（4）结构清晰、内容全面、层次分明、覆盖面广，适用性和实用性强，简单易懂，是造价工作者的一本理想参考书。

本书在编写过程中得到了许多同行的支持与帮助，在此表示感谢。由于编者水平有限和时间紧迫，书中难免存在疏漏和不妥之处，望广大读者批评指正。如有疑问，请登录 www. gczjy. com（工程造价员网）或 www. ysypx. com（预算员网）或 www. debzw. com（企业定额编制网）或 www. gclqd. com（工程量清单计价网），也可以发邮件至 zz6219@163. com 或 dlwhgs@tom. com 与编者联系。

目　录

案例 1　某市新修一座公园的土方工程

第一部分　工程概况

项目编码：040101001　　　项目名称：挖一般土方

项目编码：040103001　　　项目名称：回填土方

某市的市政工程要新建一座公园，这个公园的场地方格网如图 1-1 所示，角点标注图如图 1-2 所示，方格网示意图如图 1-3 所示，方格网的边长为 30m，土质为四类土，夯实回填，借土运距为 5km，试计算其土方量。

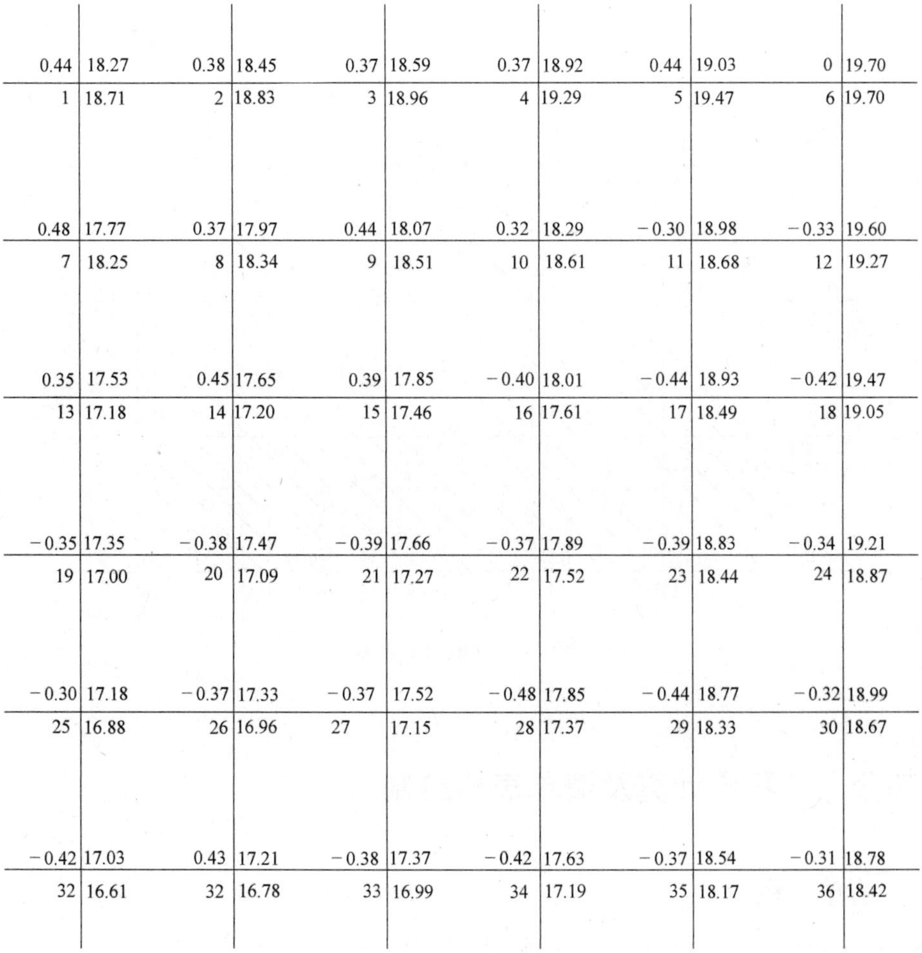

0.44 18.27 1 18.71	0.38 18.45 2 18.83	0.37 18.59 3 18.96	0.37 18.92 4 19.29	0.44 19.03 5 19.47	0 19.70 6 19.70
0.48 17.77 7 18.25	0.37 17.97 8 18.34	0.44 18.07 9 18.51	0.32 18.29 10 18.61	−0.30 18.98 11 18.68	−0.33 19.60 12 19.27
0.35 17.53 13 17.18	0.45 17.65 14 17.20	0.39 17.85 15 17.46	−0.40 18.01 16 17.61	−0.44 18.93 17 18.49	−0.42 19.47 18 19.05
−0.35 17.35 19 17.00	−0.38 17.47 20 17.09	−0.39 17.66 21 17.27	−0.37 17.89 22 17.52	−0.39 18.83 23 18.44	−0.34 19.21 24 18.87
−0.30 17.18 25 16.88	−0.37 17.33 26 16.96	−0.37 17.52 27 17.15	−0.48 17.85 28 17.37	−0.44 18.77 29 18.33	−0.32 18.99 30 18.67
−0.42 17.03 32 16.61	0.43 17.21 32 16.78	−0.38 17.37 33 16.99	−0.42 17.63 34 17.19	−0.37 18.54 35 18.17	−0.31 18.78 36 18.42

图 1-1　场地方格网坐标图

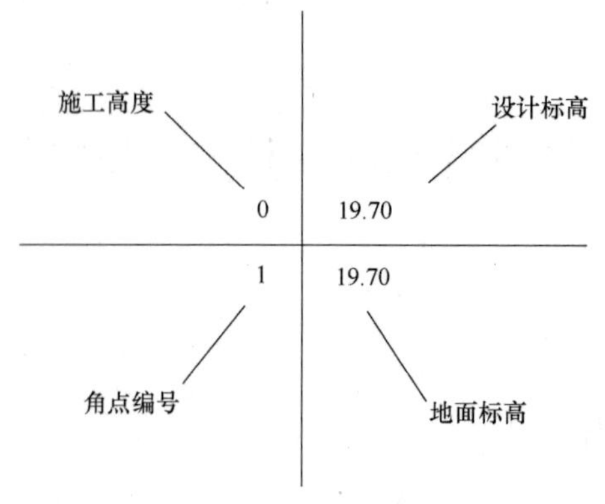

图 1-2　角点标注图

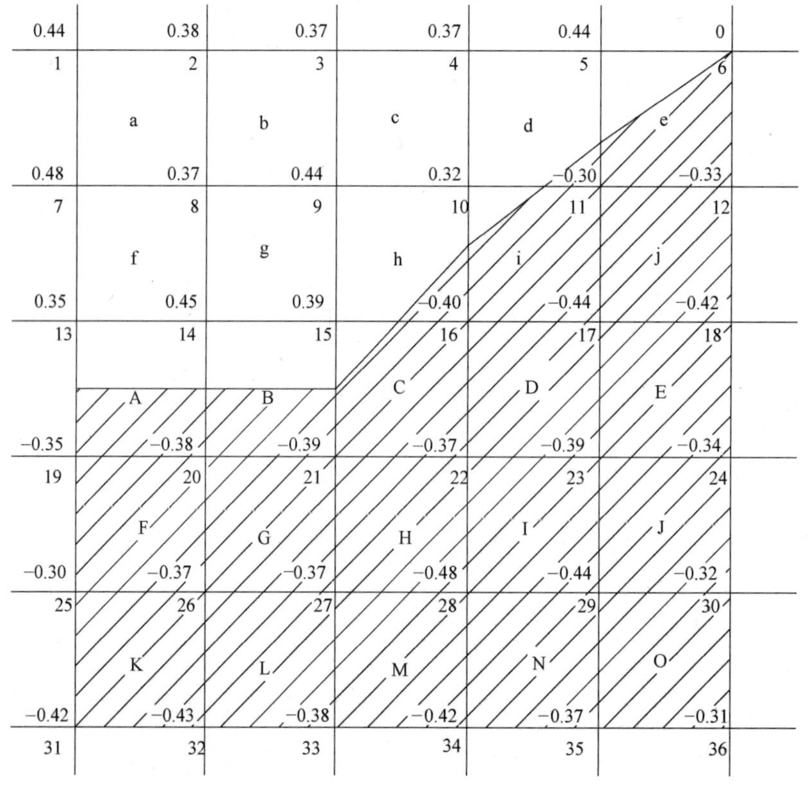

图 1-3　方格网示意图

第二部分　工程量计算及清单表格编制

一、清单工程量

计算施工高程：施工高程＝地面实测标高－设计标高

（一）计算零线

由图 1-1 可知 6 为零点，5—11 线上的零点为：$x_1=\frac{0.44\times30}{0.44+0.30}=17.84\text{m}$

【注释】 0.44——5 点与零线的高差；
30——方格网的边长；
0.30——11 点与零线的高差。

同理，求得 11—10 线上的零点为：

$x_2=\frac{0.30\times30}{0.32+0.30}=14.52\text{m}$

【注释】 0.30——11 点与零线的高差；
30——方格网的边长；
0.32——10 点与零线的高差。

16—10 线上的零点为：$x_3=\frac{0.40\times30}{0.32+0.40}=16.67\text{m}$

【注释】 0.40——16 点与零线的高差；
30——方格网的边长；
0.32——10 点与零线的高差。

16—15 线上的零点为：$x_4=\frac{0.40\times30}{0.39+0.40}=15.19\text{m}$

【注释】 0.40——16 点与零线的高差；
30——方格网的边长；
0.39——15 点与零线的高差。

15—21 线上的零点为：$x_5=\frac{0.39\times30}{0.39+0.39}=15\text{m}$

【注释】 0.39——15 点与零线的高差；
30——方格网的边长；
0.39——21 点与零线的高差。

13—19 线上的零点为：$x_7=\frac{0.35\times30}{0.35+0.35}=15\text{m}$

【注释】 0.35——13 点与零线的高差；
30——方格网的边长；
0.35——19 点与零线的高差。

求出零点后，连接各零点即为零线。

（二）计算土方工程量

方格网 e 底面为一个三角形和一个梯形。

1. 三角形：$V_{挖方}=\frac{1}{2}\times30\times17.84\times\frac{0.44}{3}=39.25\text{m}^3$

【注释】 30——三角形的底边长；
17.84——5—11 线上 5 点到零线的距离；
0.44——5 点与零线的高差。

2. 梯形：30－17.84＝12.16m

$$V_{填方}=\frac{(12.16+30)}{2}\times30\times\frac{0.33+0.30}{4}=99.60\text{m}^3$$

【注释】 30——方格网的边长；

12.16——5—11 线上 11 点到零线的距离；

17.84——5—11 线上 5 点到零线的距离；

0.33——12 点与零线的高差；

0.30——11 点与零线的高差。

方格网 d 底面为一个三角形和一个五边形。

1. 三角形：30−17.84=12.16m，$V_{填方}=\frac{1}{2}\times14.52\times12.16\times\frac{0.30}{3}=8.83\text{m}^3$

【注释】 30——方格网的边长；

17.84——5—11 线上 5 点到零线的距离；

12.16——5—11 线上 11 点到零线的距离；

14.52——11—10 线上 11 点到零线的距离；

0.30——11 点与零线的高差。

2. 五边形：$V_{挖方}=\left(30\times30-\frac{14.52\times12.16}{2}\right)\times\frac{0.37+0.32+0.44}{5}=183.45\text{m}^3$

【注释】 30——方格网的边长；

14.52——11—10 线上 11 点到零线的距离；

12.16——5—11 线上 11 点到零线的距离；

0.37——4 点与零线的高差；

0.32——10 点与零线的高差；

0.44——5 点与零线的高差。

方格网 i 底面为一个三角形和一个五边形。

1. 三角形：30−14.52=15.48m，30−16.67=13.33m

$$V_{挖方}=\frac{1}{2}\times15.48\times13.33\times\frac{0.32}{3}=11.01\text{m}^3$$

【注释】 30——方格网的边长；

14.52——11—10 线上 11 点到零线的距离；

15.48——11—10 线上 10 点到零线的距离；

16.67——16—10 线上 16 点到零线的距离；

13.33——16—10 线上 10 点到零线的距离；

0.32——10 点到零线的高差。

2. 五边形：$V_{填方}=\left(30\times30-\frac{15.48\times13.33}{2}\right)\times\frac{0.44+0.30+0.40}{5}=158.15\text{m}^3$

【注释】 30——方格网的边长；

15.48——11—10 线上 11 点到零线的距离；

13.33——16—10 线上 16 点到零线的距离；

0.44——17 点与零线的高差；

0.30——11 点与零线的高差；

0.40——16 点与零线的高差。

方格网 h 底面为一个三角形和一个五边形。

1. 三角形：$V_{填方}=\frac{1}{2}\times16.67\times15.19\times\frac{0.40}{3}=16.88\text{m}^3$

【注释】 16.67——16—10 线上 16 点到零线的距离；

15.19——16—15 线上 16 点到零线的距离；

0.40——16 点与零线的高差。

2. 五边形：$V_{挖方}=\left(30\times30-\frac{16.67\times15.19}{2}\right)\times\frac{0.44+0.32+0.39}{5}=148.76\text{m}^3$

【注释】 30——方格网的边长；

16.67——16—10 线上 16 点到零线的距离；

15.19——16—15 线上 16 点到零线的距离；

0.44——9 点到零线的高差；

0.32——10 点到零线的高差；

0.39——15 点到零线的高差。

方格网 C 底面为一个三角形和一个五边形。

1. 三角形：30－15.19＝14.81m，$V_{挖方}=\frac{1}{2}\times15\times14.81\times\frac{0.39}{3}=14.47\text{m}^3$

【注释】 30——方格网的边长；

15.19——16—15 线上 16 点到零线的距离；

15——15—21 线上 15 点到零线的距离；

14.81——16—15 线上 15 点到零线的距离；

0.39——15 点与零线的高差。

2. 五边形：$V_{填方}=\left(30\times30-\frac{14.81\times15}{2}\right)\times\frac{0.37+0.40+0.39}{5}=183.03\text{m}^3$

【注释】 30——方格网的边长；

14.81——16—15 线上 15 点到零线的距离；

15——15—21 线上 15 点到零线的距离；

0.37——22 点与零线的高差；

0.40——16 点与零线的高差；

0.39——21 点与零线的高差。

方格网 A、B 底面是两个矩形：

1. 上面的矩形：$V_{挖方}=15\times60\times\frac{0.39+0.35}{4}=166.5\text{m}^3$

【注释】 15——15—21 线上 15 点、13—19 线上 13 点到零线的距离；

60——矩形的长；

0.39——15 点与零线的高差；

0.35——13 点与零线的高差。

2. 下面的矩形：30－15＝15m，$V_{填方}=15\times60\times\frac{0.39+0.35}{4}=166.5\text{m}^3$

【注释】 30——方格网的边长；

15——13—19 线上 13 点、19 点、15—21 线上 21 点到零线的距离；

60——矩形的长；

0.39——21 点与零线的高差；

0.35——19 点与零线的高差。

方格网 a、b、c、f、g、j、D、E、F、G、H、I、J、K、L、M、N、O 底面为正方形：$V=\frac{a^2}{4}(h_1+h_2+h_3+h_4)=\frac{a^2}{4}\sum h$

方格网 a：$V_{挖方}=\frac{30^2}{4}\times(0.44+0.38+0.37+0.48)=375.75\text{m}^3$

【注释】 30——方格网的边长；

0.44——1 点与零线的高差；

0.38——2 点与零线的高差；

0.37——8 点与零线的高差；

0.48——7 点与零线的高差。

方格网 b：$V_{挖方}=\frac{30^2}{4}\times(0.44+0.38+0.37+0.37)=351.00\text{m}^3$

【注释】 30——方格网的边长；

0.44——9 点与零线的高差；

0.38——2 点与零线的高差；

0.37——8 点、3 点与零线的高差。

方格网 c：$V_{挖方}=\frac{30^2}{4}\times(0.44+0.32+0.37+0.37)=337.50\text{m}^3$

【注释】 30——方格网的边长；

0.44——9 点与零线的高差；

0.32——10 点与零线的高差；

0.37——3 点、4 点与零线的高差。

方格网 f：$V_{挖方}=\frac{30^2}{4}\times(0.48+0.37+0.45+0.35)=371.25\text{m}^3$

【注释】 30——方格网的边长；

0.48——7 点与零线的高差；

0.37——8 点与零线的高差；

0.45——14 点与零线的高差；

0.35——13 点与零线的高差。

方格网 g：$V_{挖方}=\frac{30^2}{4}\times(0.44+0.37+0.45+0.39)=371.25\text{m}^3$

【注释】 30——方格网的边长；

0.44——9 点与零线的高差；

0.37——8 点与零线的高差；

0.45——14 点与零线的高差；

0.39——15 点与零线的高差。

方格网 j：$V_{填方}=\frac{30^2}{4}\times(0.30+0.33+0.42+0.44)=335.25m^3$

【注释】 30——方格网的边长；

0.30——11 点与零线的高差；

0.33——12 点与零线的高差；

0.44——17 点与零线的高差；

0.42——18 点与零线的高差。

方格网 D：$V_{填方}=\frac{30^2}{4}\times(0.40+0.44+0.39+0.37)=360m^3$

【注释】 30——方格网的边长；

0.40——16 点与零线的高差；

0.44——17 点与零线的高差；

0.39——23 点与零线的高差；

0.37——22 点与零线的高差。

方格网 E：$V_{填方}=\frac{30^2}{4}\times(0.40+0.42+0.34+0.39)=357.75m^3$

【注释】 30——方格网的边长；

0.44——17 点与零线的高差；

0.42——18 点与零线的高差；

0.34——24 点与零线的高差；

0.39——23 点与零线的高差。

方格网 F：$V_{填方}=\frac{30^2}{4}\times(0.35+0.38+0.37+0.30)=315m^3$

【注释】 30——方格网的边长；

0.35——19 点与零线的高差；

0.38——20 点与零线的高差；

0.37——26 点与零线的高差；

0.30——25 点与零线的高差。

方格网 G：$V_{填方}=\frac{30^2}{4}\times(0.38+0.39+0.37+0.37)=339.75m^3$

【注释】 30——方格网的边长；

0.38——20 点与零线的高差；

0.39——21 点与零线的高差；

0.37——27 点、26 点与零线的高差。

方格网 H：$V_{填方}=\frac{30^2}{4}\times(0.39+0.37+0.48+0.37)=362.25m^3$

【注释】 30——方格网的边长；

0.39——21 点与零线的高差；

0.48——28 点与零线的高差；

0.37——22 点、27 点与零线的高差。

方格网 I：$V_{填方}=\frac{30^2}{4}\times(0.39+0.37+0.48+0.44)=378m^3$

【注释】 30——方格网的边长；

0.39——23 点与零线的高差；

0.37——22 点与零线的高差；

0.48——28 点与零线的高差；

0.44——29 点与零线的高差。

方格网 J：$V_{填方}=\frac{30^2}{4}\times(0.39+0.34+0.44+0.32)=335.25m^3$

【注释】 30——方格网的边长；

0.39——23 点与零线的高差；

0.34——24 点与零线的高差；

0.44——29 点与零线的高差；

0.32——30 点与零线的高差。

方格网 K：$V_{填方}=\frac{30^2}{4}\times(0.30+0.37+0.43+0.42)=342m^3$

【注释】 30——方格网的边长；

0.30——25 点与零线的高差；

0.37——26 点与零线的高差；

0.43——32 点与零线的高差；

0.42——31 点与零线的高差。

方格网 L：$V_{填方}=\frac{30^2}{4}\times(0.37+0.37+0.43+0.38)=348.75m^3$

【注释】 30——方格网的边长；

0.37——26 点、27 点与零线的高差；

0.43——32 点与零线的高差；

0.38——33 点与零线的高差。

方格网 M：$V_{填方}=\frac{30^2}{4}\times(0.37+0.48+0.42+0.38)=371.25m^3$

【注释】 30——方格网的边长；

0.37——27 点与零线的高差；

0.48——28 点与零线的高差；

0.42——34 点与零线的高差；

0.38——33 点与零线的高差。

方格网 N：$V_{填方}=\frac{30^2}{4}\times(0.48+0.44+0.37+0.42)=384.75m^3$

【注释】 30——方格网的边长；

0.48——28 点与零线的高差；

0.44——29 点与零线的高差；

0.37——35 点与零线的高差；

0.42——34 点与零线的高差。

方格网 O：$V_{填方}=\frac{30^2}{4}\times(0.44+0.32+0.31+0.37)=324m^3$

【注释】 30——方格网的边长；

0.44——29 点与零线的高差；

0.32——30 点与零线的高差；

0.37——35 点与零线的高差；

0.31——36 点与零线的高差。

（三）全部挖土方量

$\Sigma V_{挖}=(39.25+183.45+11.01+148.76+14.47+166.5+351.00+337.50+375.75+371.25+371.25)$

$=2370.19m^3$

全部填方量：

$\Sigma V_{填}=(99.60+8.83+158.15+16.88+183.03+166.5+335.25+360+357.75+315+339.75+362.25+378+335.25+342+348.75+371.25+384.75+324)=5186.99m^3$

（四）外借土方量

挖土方量大于填土方量，所以需要从外借土，因为是夯实回填，查土方体积折算系数表知天然密实度体积：夯实后体积＝1.15∶1，则夯实回填需要的土方天然密实度体积为：5186.99×1.15＝5969.04m³

需要从外借土的土方量为：5969.04－2370.19＝3594.85m³

清单工程量计算如表 1-1 所示。

清单工程量计算表　　**表 1-1**

序号	项目编码	项目名称	项目特征描述	计量单位	工程量
1	040101001001	挖一般土方	四类土,运距为 5km	m³	2370.19
2	040103001001	回填方	夯实回填,运距为 5km	m³	5186.99

二、定额工程量

定额工程量等于清单工程量。

案例 2　某市政工程土方工程

第一部分　工程概况

项目编号：040101001001　项目编码：挖一般土方

项目编码：040103001001　项目名称：回填土方

某市政工程场地方格网如图 2-1 所示，图中已给出地面标高和设计标高（图 2-2）。方格网 a=20m。试计算其施工高度和土方量。

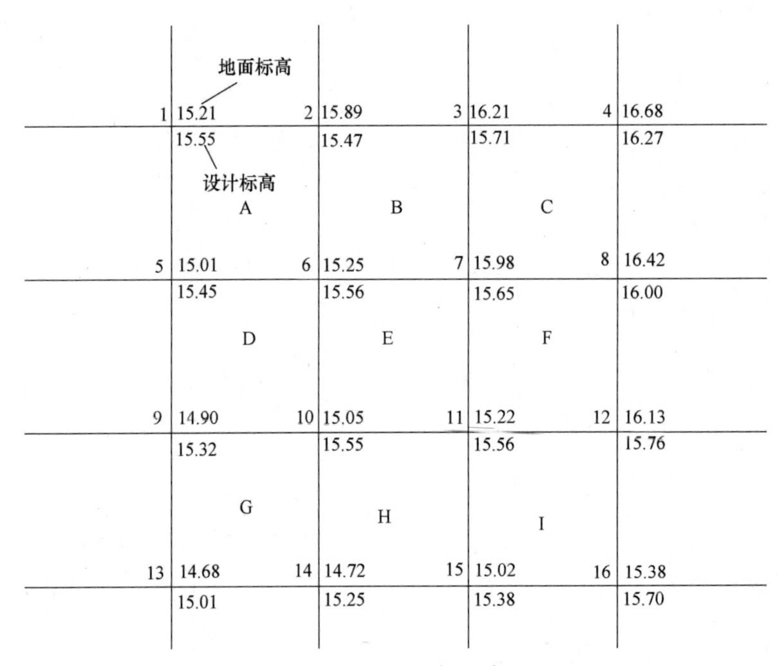

图 2-1　方格网坐标示意图

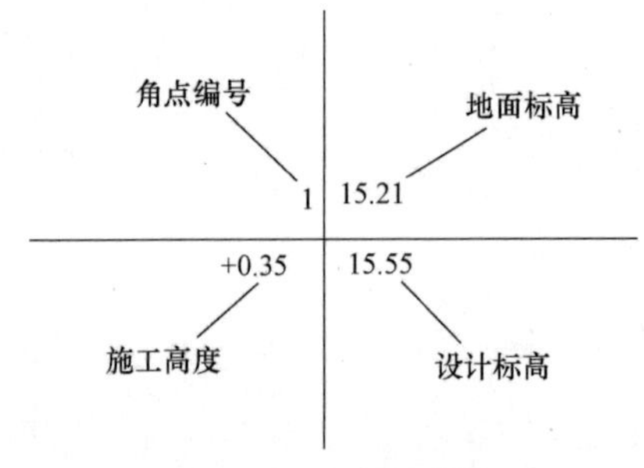

图 2-2　角点标注图

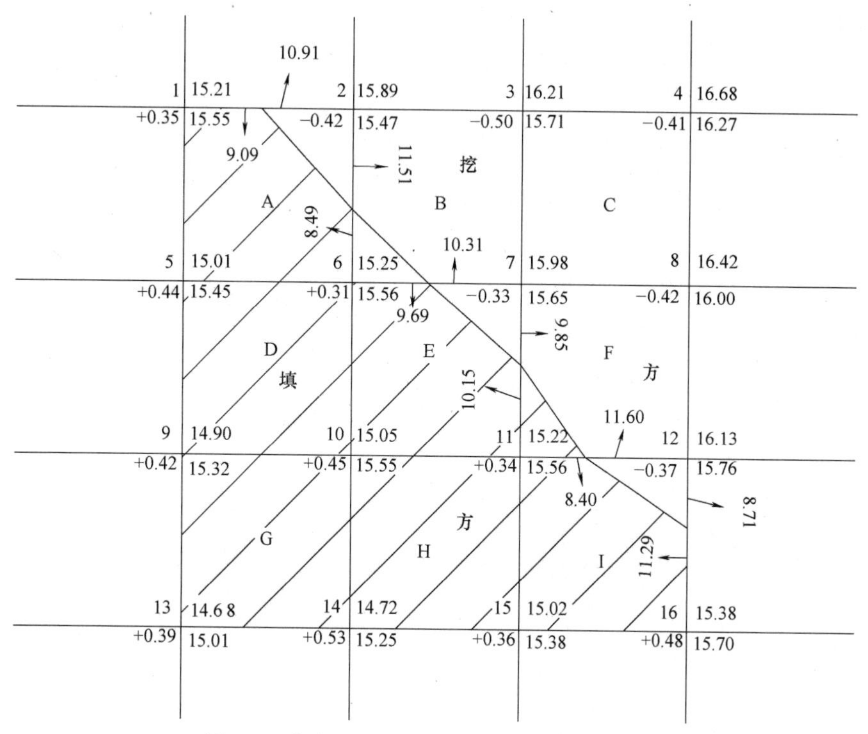

图 2-3　各方格角点的施工高度及零线示意图

第二部分　工程量计算及清单表格编制

一、施工高度

施工高度＝设计标高－地面标高

则角点 1：15.55－15.21＝0.34m

【注释】 15.55——角点 1 的设计标高；

15.21——角点 1 的地面标高。

角点 2：15.47－15.89＝－0.42m

【注释】 15.47——角点 2 的设计标高；

15.89——角点 2 的地面标高。

角点 3：15.71－16.21＝－0.50m

【注释】 15.71——角点 3 的设计标高；

16.21——角点 3 的地面标高。

角点 4：16.27－16.68＝－0.41m

【注释】 16.27——角点 4 的设计标高；

16.68——角点 4 的地面标高。

角点 5：15.45－15.01＝0.44m

【注释】 15.45——角点5的设计标高；

15.01——角点5的地面标高。

角点6：15.56−15.25=0.31m

【注释】 15.56——角点6的设计标高；

15.25——角点6的地面标高。

角点7：15.65−15.98=−0.33m

【注释】 15.65——角点7的设计标高；

15.98——角点7的地面标高。

角点8：16.00−16.42=−0.42m

【注释】 16.00——角点8的设计标高；

16.42——角点8的地面标高。

角点9：15.32−14.90=0.42m

【注释】 15.32——角点9的设计标高；

14.90——角点9的地面标高。

角点10：15.55−15.05=0.50m

【注释】 15.55——角点10的设计标高；

15.05——角点10的地面标高。

角点11：15.56−15.22=0.34m

【注释】 15.56——角点11的设计标高；

15.22——角点11的地面标高。

角点12：15.76−16.13=0.37m

【注释】 15.76——角点12的设计标高；

16.13——角点12的地面标高。

角点13：15.01−14.68=0.39m

【注释】 15.01——角点13的设计标高；

14.68——角点13的地面标高。

角点14：15.25−14.72=0.53m

【注释】 15.25——角点14的设计标高；

14.72——角点14的地面标高。

角点15：15.38−15.02=0.36m

【注释】 15.38——角点15的设计标高；

15.02——角点15的地面标高。

角点16：15.70−15.38=0.32m

【注释】 15.70——角点16的设计标高；

15.38——角点16的地面标高。

则得到的施工高度图如图2-3所示。

二、计算零线

首先确定零点，零点在相邻两角点为一挖一填的方格边线上，由图2-3可知，1−2、

2—6、6—7、7—11、11—12、12—16 六条方格边两端的角点的施工高度符号不同，则说明在这些边上存在零点，由公式 $x_1=\frac{ah_1}{h_1+h_2}$，$x_2=a-x_1$ 求出：

1—2 边线：$x_1=\frac{20\times0.34}{0.34+0.42}=9.09\text{m}$，$x_2=20-9.09=10.91\text{m}$

【注释】 20——方格边线的长度；

0.34——角点 1 的施工高度；

0.42——角点 2 的施工高度。

2—6 边线：$x_1=\frac{20\times0.42}{0.42+0.31}=11.51\text{m}$，$x_2=20-11.51=8.49\text{m}$

【注释】 20——方格边线的长度；

0.42——角点 2 的施工高度；

0.31——角点 6 的施工高度。

6—7 边线：$x_1=\frac{20\times0.31}{0.31+0.33}=9.69\text{m}$，$x_2=20-9.69=10.31\text{m}$

【注释】 20——方格边线的长度；

0.31——角点 6 的施工高度；

0.33——角点 7 的施工高度。

7—11 边线：$x_1=\frac{20\times0.33}{0.33+0.34}=9.85\text{m}$，$x_2=20-9.85=10.15\text{m}$

【注释】 20——方格边线的长度；

0.33——角点 7 的施工高度；

0.34——角点 11 的施工高度。

11—12 边线：$x_1=\frac{20\times0.34}{0.34+0.37}=8.40\text{m}$，$x_2=20-8.40=11.60\text{m}$

【注释】 20——方格边线的长度；

0.34——角点 11 的施工高度；

0.37——角点 12 的施工高度。

12—16 边线：$x_1=\frac{20\times0.37}{0.37+0.48}=8.71\text{m}$，$x_2=20-8.71=11.29\text{m}$

【注释】 20——方格边线的长度；

0.37——角点 12 的施工高度；

0.48——角点 16 的施工高度。

将零点标在图上并连接起来即为零线，如图 2-3 所示。

三、计算土方工程量

1. 方格 A、E、I 为三填一挖方格，方格 B、F 为三挖一填方格

五边形：$V=\left(a-\frac{bc}{2}\right)\times\frac{\sum h}{5}=\left(a^2-\frac{bc}{2}\right)\times\frac{h_1+h_2+h_4}{5}$

三角形：$V=\frac{1}{2}bc\times\frac{\sum h}{3}=\frac{bch_3}{6}$

方格 A：

$$V_{填}=\left(20^2-\frac{1}{2}\times10.91\times11.51\right)\times\frac{0.35+0.44+0.31}{5}=74.19\text{m}^3$$

【注释】 20——方格边线的长度；
10.91——1—2 边线上角点 2 到零点的距离；
11.51——2—6 边线上角点 2 到零点的距离；
0.35——角点 1 的施工高度；
0.44——角点 5 的施工高度；
0.31——角点 6 的施工高度。

$$V_{挖}=\frac{10.91\times11.51}{6}\times0.42=8.79\text{m}^3$$

【注释】 10.91——1—2 边线上角点 2 到零点的距离；
11.51——2—6 边线上角点 2 到零点的距离；
0.42——角点 2 的施工高度。

方格 E：

$$V_{填}=\left(20^2-\frac{1}{2}\times10.31\times9.85\right)\times\frac{0.31+0.45+0.34}{5}=76.83\text{m}^3$$

【注释】 20——方格边线的长度；
10.31——6—7 边线上角点 7 到零点的距离；
9.85——7—11 边线上角点 7 到零点的距离；
0.31——角点 6 的施工高度；
0.45——角点 10 的施工高度；
0.34——角点 11 的施工高度。

$$V_{挖}=\frac{10.31\times9.85}{6}\times0.33=5.59\text{m}^3$$

【注释】 10.31——6—7 边线上角点 7 到零点的距离；
9.85——7—1 边线上角点 7 到零点的距离；
0.33——角点 7 的施工高度。

方格 I：

$$V_{填}=\left(20^2-\frac{1}{2}\times11.60\times8.71\right)\times\frac{0.34+0.36+0.48}{5}=82.48\text{m}^3$$

【注释】 20——方格边线的长度；
11.60——11—12 边线上角点 12 到零点的距离；
8.71——12—16 边线上角点 12 到零点的距离；
0.34——角点 11 的施工高度；
0.36——角点 15 的施工高度；
0.48——角点 16 的施工高度。

$$V_{挖}=\frac{11.60\times8.71}{6}\times0.37=6.23\text{m}^3$$

【注释】 11.60——11—12 边线上角点 12 到零点的距离；

8.71——12—16 边线上角点 12 到零点的距离。

方格 B：

$$V_{填}=\frac{8.49\times 9.69}{6}\times 0.31=4.25m^3$$

【注释】 8.49——2—6 边线上角点 2 到零点的距离；

9.69——2—6 边线上角点 2 到零点的距离；

0.31——角点 6 的施工高度。

$$V_{挖}=\left(20^2-\frac{1}{2}\times 8.49\times 9.69\right)\times\frac{0.42+0.50+0.33}{5}=89.72m^3$$

【注释】 20——方格边线的长度；

8.49——2—6 边线上角点 2 到零点的距离；

9.69——2—6 边线上角点 2 到零点的距离；

0.42——角点 2 的施工高度；

0.50——角点 3 的施工高度；

0.33——角点 7 的施工高度。

方格 F：

$$V_{填}=\frac{10.15\times 8.40}{6}\times 0.34=4.83m^3$$

【注释】 10.15——7—11 边线上角点 11 到零点的距离；

8.40——11—12 边线上角点 11 到零点的距离；

0.34——角点 11 的施工高度。

$$V_{挖}=\left(20^2-\frac{1}{2}\times 10.15\times 8.40\right)\times\frac{0.42+0.37+0.33}{5}=80.05m^3$$

【注释】 20——方格边线的长度；

10.15——7—11 边线上角点 11 到零点的距离；

8.40——11—12 边线上角点 11 到零点的距离；

0.42——角点 8 的施工高度；

0.37——角点 12 的施工高度；

0.33——角点 7 的施工高度。

2. 方格 C 全部为挖方；方格 D、G、H 全部为填方

则 $V_{挖(填)}=\frac{a^2}{4}(h_1+h_2+h_3+h_4)$

方格 C：

$$V_{挖}=\frac{20^2}{4}\times(0.50+0.41+0.33+0.42)=166m^3$$

【注释】 20——方格边线的长度；

0.50——角点 3 的施工高度；

0.41——角点 4 的施工高度；

0.33——角点 7 的施工高度；

0.42——角点 18 的施工高度。

方格 D：

$$V_{填}=\frac{20^2}{4}\times(0.44+0.31+0.42+0.45)=162m^3$$

【注释】 20——方格边线的长度；

0.44——角点 5 的施工高度；

0.31——角点 6 的施工高度；

0.42——角点 9 的施工高度；

0.45——角点 10 的施工高度。

方格 G：

$$V_{填}=\frac{20^2}{4}\times(0.42+0.45+0.39+0.53)=179m^3$$

【注释】 20——方格边线的长度；

0.42——角点 9 的施工高度；

0.45——角点 10 的施工高度；

0.39——角点 13 的施工高度；

0.53——角点 14 的施工高度。

方格 H：

$$V_{填}=\frac{20^2}{4}\times(0.45+0.34+0.39+0.53)=171m^3$$

【注释】 20——方格边线的长度；

0.45——角点 5 的施工高度；

0.34——角点 6 的施工高度；

0.39——角点 9 的施工高度；

0.53——角点 10 的施工高度。

3. 总挖方量

$$\sum V_{挖}=V_{A挖}+V_{B挖}+V_{C挖}+V_{E挖}+V_{F挖}+V_{I挖}$$
$$=8.79+89.72+166+5.59+79.90+6.23=356.23m^3$$

【注释】 8.79——方格 A 的挖方量；

89.72——方格 B 的挖方量；

166——方格 C 的挖方量；

5.59——方格 E 的挖方量；

79.90——方格 F 的挖方量；

6.23——方格 I 的挖方量。

4. 总填方量

$$\sum V_{填}=V_{A填}+V_{B填}+V_{D填}+V_{E填}+V_{F填}+V_{G填}+V_{H填}+V_{I填}$$
$$=74.19+4.25+162+76.83+4.91+179+171+82.48=754.66m^3$$

【注释】 74.19——方格 A 的填方量；

4.25——方格 B 的填方量；

162——方格 D 的填方量；

76.83——方格 E 的填方量；

4.91——方格 F 的填方量；
179——方格 G 的填方量；
171——方格 H 的填方量；
82.48——方格 I 的填方量。

清单工程量计算见表 2-1。

清单工程量计算表　　**表 2-1**

项目编号	项目名称	项目特征描述	计量单位	工程量
040101001001	挖一般土方	三类土	m^3	356.23
040103001001	回填土方	三类土	m^3	754.66

案例3　某市政管网铺设土方工程量

第一部分　工程概况

项目编码：040101002001　项目名称：挖沟槽土方

项目编码：040103001001　项目名称：回填土方

项目编码：040103002001　项目名称：余方弃置

某市政工程要沿公路边埋设管道，此项铺设管网工程是将两条管道同槽部同底铺设，管径较小的管道为排雨水金属管，该管道直接铺设，管径较大的管道为排污水混凝土管，设有厚为60cm的混凝土基础，其断面图如图3-1所示，由于受场地的限制，雨水管一侧采用支模挡土，污水管一侧有足够空间放坡，沟槽断面图如图3-2所示。沟槽长为500m，土质为四类土。试计算该沟槽的土方工程量，要求夯实回填，回填土密实度为98%，余方弃置运距为3km。

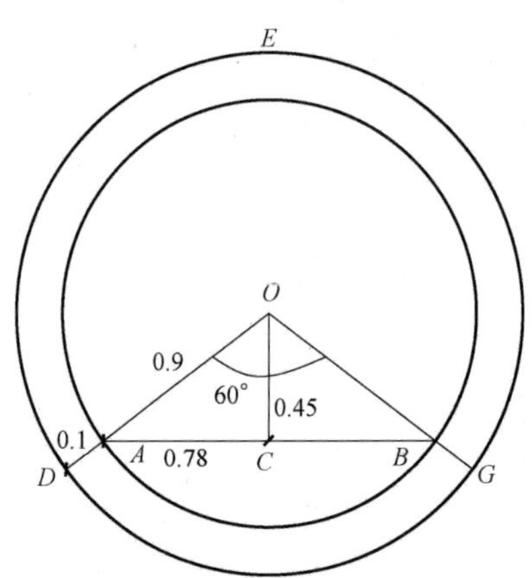

图3-1　污水管横断面尺寸图（m）

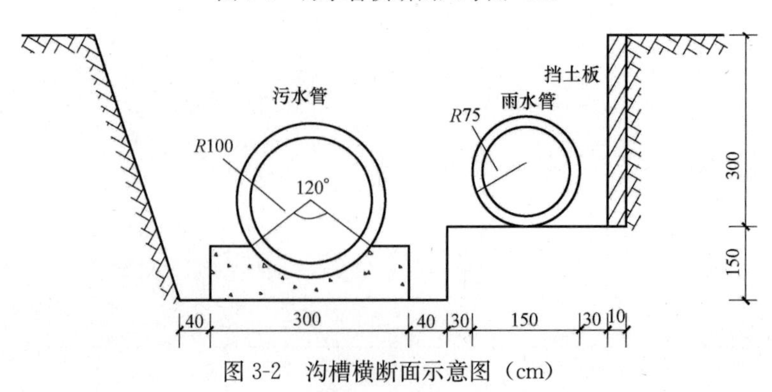

图3-2　沟槽横断面示意图（cm）

第二部分　工程量计算及清单表格编制

一、清单工程量

（一）挖土方工程量

$$V=[3\times(1.5+3)+1.5\times3]\times500=9000\text{m}^3$$

【注释】 3——污水管的基础的宽度；

1.5——雨水管槽底到污水管槽底的距离；

3——自然地面到雨水管槽底的距离；

1.5——雨水管的外径长度；

500——沟槽的长度。

（二）回填方工程量

由图 3-1 可知扇形 *ODEG* 的面积和三角形 *OAB* 的面积分别为

$$S_1=\frac{240°}{360°}\times3.14\times1^2=2.09\text{m}^2$$

【注释】 1——污水管的外径；

3.14——圆周率。

$$S_2=0.78\times2\times0.45\times\frac{1}{2}=0.35\text{m}^2$$

【注释】 0.78——图 3-1 中三角形 *OAC* 的底边 *AC* 的长度；

0.45——图 3-1 中三角形 *OAC* 的 *OC* 的长度。

则两者的体积为：

$$V_1=2.09\times500=1450\text{m}^3$$

【注释】 2.09——图 3-1 中扇形 *ODEG* 的面积；

500——沟槽的长度。

$$V_2=0.35\times500=175\text{m}^3$$

【注释】 0.35——图 3-1 中三角形 *OAB* 的面积；

500——沟槽的长度。

则回填方工程量：

$$V=9000-3\times0.6\times500-1450-175-3.14\times0.75^2\times500$$
$$=5591.87\text{m}^3$$

【注释】 9000——挖土方总量；

3——污水管基础的宽度；

0.6——污水管基础的厚度；

500——沟槽的长度；

1450——图 3-1 中扇形 *ODEG* 的体积；

175——图 3-1 中扇形 *ODEG* 的体积；

3.14——圆周率；

0.75——雨水管的半径。

（三）余方弃土工程量

体积换算得 $V=5591.87\times1.15=6430.65\text{m}^3$

【注释】 5591.87——回填土方工程量：

1.15——土方夯实后体积与天然密实体积的换算系数；

则余方弃土工程量：

$$V=9000-6430.65=2569.35\text{m}^3$$

【注释】 9000——挖土方总量。

清单工程量见表 3-1。

清单工程量计算表 **表 3-1**

序号	项目编号	项目名称	项目特征描述	计量单位	工程量
1	040101002001	挖沟槽土方	四类土，深 4.5m，弃土运距为 2km	m^3	9000
2	040103001001	回填方	密实度 98%，来源于挖方天然土	m^3	5591.87
3	040103002001	余方弃置	弃土运距为 3km	m^3	2569.65

二、定额工程量

（一）挖土方工程量

污水管的工程量：

$$V_1=[(3+0.4\times2)+(3+0.4\times2+kh)]\times(3+1.5)\times0.5\times500=9815.63\text{m}^3$$

【注释】 3——污水管的基础的宽度；

0.4——污水管的预留工作面；

k——四类土放坡系数；

h——自然地面到污水管槽底的距离；

3——自然地面到雨水管槽底的距离；

1.5——雨水管槽底到污水管槽底的距离；

0.5——雨水管的外径长度；

500——沟槽的长度。

雨水管的工程量：

$$V_2=(0.3\times2+1.5+0.1)\times3\times500=3300\text{m}^3$$

【注释】 0.3——雨水管的预留工作面；

1.5——雨水管的外径长度；

0.1——挡土板的宽度；

3——自然地面到雨水管槽底的距离；

500——沟槽的长度。

则挖土方总工程量：

$$V=V_1+V_2=9815.63+3300=13115.63\text{m}^3$$

【注释】 9815.63——污水管的挖土方工程量；

3300——雨水管的挖土方工程量。

（二）回填土工程量

污水管工程量：

$$V_1 = 9815.63 - 3 \times 0.6 \times 500 - 1450 - 175 = 7290.63\text{m}^3$$

【注释】 9815.63——污水管的挖土方工程量；

3——污水管基础的宽度；

0.6——污水管基础的厚度；

500——沟槽的长度；

1450——图3-1中扇形 *ODEG* 的体积；

175——图3-1中扇形 *ODEG* 的体积。

雨水管工程量：

$$V_2 = 3300 - 3.14 \times 0.75^2 \times 500 = 2416.88\text{m}^3$$

【注释】 3300——雨水管的挖土方工程量。

3.14——圆周率；

0.75——雨水管的半径；

500——沟槽的长度。

则回填方总量：

$$V = V_1 + V_2 = 7290.63 + 2416.88 = 9707.51\text{m}^3$$

【注释】 7290.63——污水管挖土方工程量；

2416.88——雨水管挖土方工程量。

（三）余方弃土工程量

体积换算得 $V = 9707.51 \times 1.15 = 11163.64\text{m}^3$

则余方弃土工程量：$V = 13115.63 - 11163.64 = 1951.99\text{m}^3$

【注释】 13115.63——挖土方总工程量。

案例 4　某城市主干道的工程量

第一部分　工程概况

项目编码：040201023001　　**项目名称：盲沟**
项目编码：040205012001　　**项目名称：隔离护栏**
项目编码：040204004001　　**项目名称：现浇侧（平、缘）石**
项目编码：040205004001　　**项目名称：标志板**
项目编码：040805001001　　**项目名称：常规照明灯**
项目编码：040205020001　　**项目名称：监控摄像机**
项目编码：040205014001　　**项目名称：信号灯**
项目编码：040204007001　　**项目名称：树池浇筑**
项目编码：040202012001　　**项目名称：块石**
项目编码：040202005001　　**项目名称：石灰、碎石、土**
项目编码：040203006001　　**项目名称：沥青混凝土**
项目编码：040202009001　　**项目名称：砂砾石**
项目编码：040202002001　　**项目名称：石灰稳定土**
项目编码：040203007001　　**项目名称：水泥混凝土**
项目编码：040308001001　　**项目名称：水泥砂浆抹面**
项目编码：040202003001　　**项目名称：水泥稳定土**
项目编码：040203008001　　**项目名称：块料路面**

某城市主干道总长度为 4850m，道路宽为 25m，其中中央分隔带宽为 2m，在中央分隔带下面设置有盲沟，四个机动车道每个机动车道宽为 4m，非机动车道宽为 2m，人行道宽为 1.5m，在机动车道与非机动车道之间设置有防撞栏。机动车道的路面采用沥青混凝土路面，非机动车道的路面采用水泥混凝土路面，人行道采用大型花岗石块石，人行道与非机动车道之间插有路缘石，机动车道与非机动车道之间每隔 1000m 有一个公交站牌，

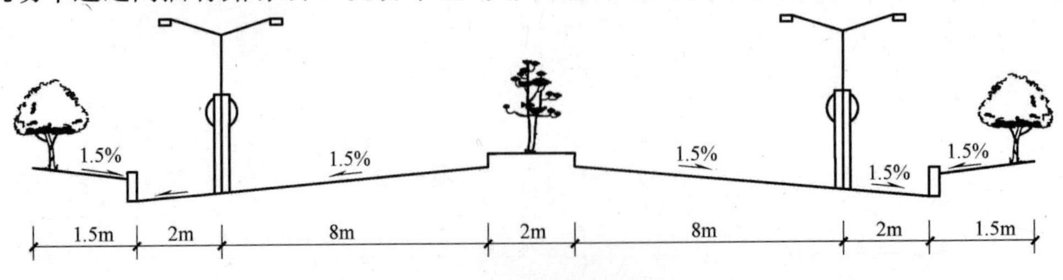

图 4-1　道路的横断面图

每隔 100m 有一个路灯，这段道路上共有 5 个交叉口，每个交叉口都安装有两组监控摄像机和两组交通信号灯，在人行道上每隔 50m 有一个树池，道路的横断面图如图 4-1 所示，道路的结构图如图 4-2 所示，试计算这条道路的工程量。

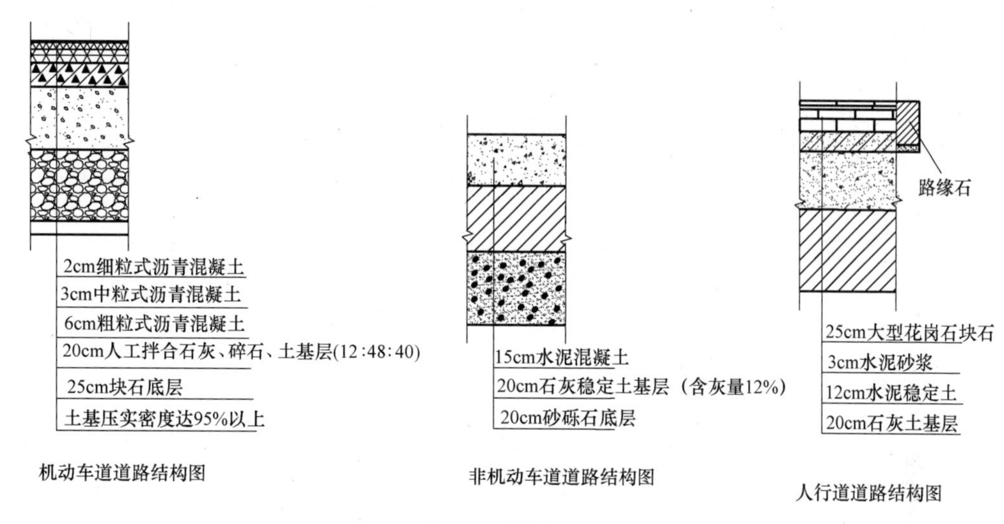

图 4-2　道路结构图

第二部分　工程量计算及清单表格编制

一、清单工程量

盲沟的工程量：4850m

防撞栏的工程量：2×4850＝9700m

【注释】 2——防撞栏的个数；

4850——防撞栏的长度。

路缘石的工程量：2×4850＝9700m

【注释】 2——路缘石的个数；

4850——路缘石的长度。

公交站牌的工程量：2×(4850÷1000＋1)＝12 个

【注释】 4850——道路的全长；

1000——相邻两个公交站牌之间的距离。

路灯的工程量：2×(4850÷100＋1)＝100 个

【注释】 4850——道路的全长；

1000——相邻两个路灯之间的距离。

监控摄像机的工程量：5×2＝10 组

【注释】 5——交叉口的个数；

2——每个交叉口监控摄像机的组数。

交通信号灯的工程量：5×2＝10组

【注释】 5——交叉口的个数；

2——每个交叉口交通信号灯的组数。

树池的工程量：2×(4850÷50＋1)＝196个

【注释】 4850——道路的全长；

50——相邻两个树池之间的距离。

块石底层的工程量：4×4×4850＝77600m^2

【注释】 4——机动车道的个数；

4——机动车道的宽度；

4850——道路的全长。

人工拌合石灰、碎石、土基层的工程量：4×4×4850＝77600m^2

【注释】 4——机动车道的个数；

4——机动车道的宽度；

4850——道路的全长。

沥青混凝土面层的工程量：4×4×4850＝77600m^2

【注释】 4——机动车道的个数；

4——机动车道的宽度；

4850——道路的全长。

砂砾石底层的工程量：2×2×4850＝19400m^2

【注释】 2——非机动车道的个数；

2——非机动车道的宽度；

4850——道路的全长。

石灰稳定土基层的工程量：2×2×4850＝19400m^2

【注释】 2——非机动车道的个数；

2——非机动车道的宽度；

4850——道路的全长。

水泥混凝土面层的工程量：2×2×4850＝19400m^2

【注释】 2——非机动车道的个数；

2——非机动车道的宽度；

4850——道路的全长。

石灰土基层的工程量：2×1.5×4850＝14550m^2

【注释】 2——人行道的个数；

1.5——人行道的宽度；

4850——道路的全长。

水泥砂浆的工程量：2×1.5×4850＝14550m^2

【注释】 2——人行道的个数；

1.5——人行道的宽度；

4850——道路的全长。

水泥稳定土的工程量：2×1.5×4850＝14550m^2

【注释】 2——人行道的个数；
1.5——人行道的宽度；
4850——道路的全长。

大型花岗石块石的工程量：2×1.5×4850＝14550m²

【注释】 2——人行道的个数；
1.5——人行道的宽度；
4850——道路的全长。

清单工程量计算如表4-1所示。

清单工程量计算表　　　　表4-1

序号	项目编码	项目名称	项目特征描述	计量单位	工程量
1	040201023001	盲沟	梯形断面	m	4850
2	040205012001	隔离护栏	防撞栏	m	9700
3	040204004001	现浇侧(平、缘)石	路缘石	m	9700
4	040205004001	标志板	公交站牌	座	12
5	040805001001	常规照明灯	路灯	个	100
6	040205020001	监控摄像机	监控摄像机	台	10
7	040205014001	信号灯	交通信号灯	组	10
8	040204007001	树池砌筑	1m×1m的现浇树池	个	196
9	040204012001	块石	25cm厚的块石底层	m²	77600
10	040202005001	石灰、碎石、土	20cm厚的石灰、碎石、土基层，配合比为12:48:40	m²	77600
11	040203006001	沥青混凝土	2cm厚的细粒式沥青混凝土	m²	77600
12	040203006002	沥青混凝土	3cm厚的中粒式沥青混凝土	m²	77600
13	040203006003	沥青混凝土	6cm厚的粗粒式沥青混凝土	m²	77600
14	040202009001	砂砾石	20cm厚的砂砾石底层	m²	19400
15	040202002001	石灰稳定土	20cm厚的石灰稳定土	m²	19400
16	040203007001	水泥混凝土	15cm厚的水泥混凝土	m²	19400
17	040202002001	石灰稳定土	20cm厚的石灰稳定土	m²	14550
18	040202003001	水泥稳定土	12cm厚的水泥稳定土	m²	14550
19	040308001001	水泥砂浆抹面	3cm厚的水泥砂浆	m²	14550
20	040203008001	块料路面	25cm×25cm的大型花岗石块石	m²	14550

二、定额工程量

盲沟的工程量：4850m

防撞栏的工程量：2×4850＝9700m

【注释】 2——防撞栏的个数；
4850——防撞栏的长度。

路缘石的工程量：2×4850＝9700m

【注释】 2——路缘石的个数；

4850——路缘石的长度。

公交站牌的工程量：2×(4850÷1000+1)=12 个

【注释】 4850——道路的全长；

1000——相邻两个公交站牌之间的距离。

路灯的工程量：2×(4850÷100+1)=100 个

【注释】 4850——道路的全长；

1000——相邻两个路灯之间的距离。

监控摄像机的工程量：5×2=10 组

【注释】 5——交叉口的个数；

2——每个交叉口监控摄像机的组数。

交通信号灯的工程量：5×2=10 组

【注释】 5——交叉口的个数；

2——每个交叉口交通信号灯的组数。

树池的工程量：2×(4850÷50+1)=196 个

【注释】 4850——道路的全长；

50——相邻两个树池之间的距离。

块石底层的工程量：4×4×4850=77600m^2

【注释】 4——机动车道的个数；

4——机动车道的宽度；

4850——道路的全长。

人工拌合石灰、碎石、土基层的工程量：4×4×4850=77600m^2

【注释】 4——机动车道的个数；

4——机动车道的宽度；

4850——道路的全长。

沥青混凝土面层的工程量：4×4×4850=77600m^2

【注释】 4——机动车道的个数；

4——机动车道的宽度；

4850——道路的全长。

砂砾石底层的工程量：2×2×4850=19400m^2

【注释】 2——非机动车道的个数；

2——非机动车道的宽度；

4850——道路的全长。

石灰稳定土基层的工程量：2×2×4850=19400m^2

【注释】 2——非机动车道的个数；

2——非机动车道的宽度；

4850——道路的全长。

水泥混凝土面层的工程量：2×2×4850=19400m^2

【注释】 2——非机动车道的个数；

2——非机动车道的宽度；

4850——道路的全长。

石灰土基层的工程量：(1.5＋a)×2×4850＝14550＋9700a

【注释】 2——人行道的个数；

1.5——人行道的宽度；

a——路基加宽值；

4850——道路的全长。

水泥砂浆的工程量：(1.5＋a)×2×4850＝14550＋9700a

【注释】 2——人行道的个数；

1.5——人行道的宽度；

a——路基加宽值；

4850——道路的全长。

水泥稳定土的工程量：(1.5＋a)×2×4850＝14550＋9700a

【注释】 2——人行道的个数；

1.5——人行道的宽度；

a——路基加宽值；

4850——道路的全长。

大型花岗石块石的工程量：2×1.5×4850＝14550m^2

【注释】 2——人行道的个数；

1.5——人行道的宽度；

4850——道路的全长。

案例5　道路工程

第一部分　工程概况

建设规模：该工程为某城市一条主干道 K1＋100 至 K1＋900 路段。道路总宽度为 30.4m，其中机动车道为路面单向，宽为 7.5m，非机动车道宽为 3m，人行道宽为 3m，机动车道与非机动车道用间隔带分开，间隔带宽 1.5m，人行道与非机动车道分界处设有宽为 20cm 的缘石，人行道与非机动车道之间设立电线杆，每 40m 设立一根，在人行道边上种植树木，每 5m 种植一棵，道路横断面图如图 5-1 所示，机动车道、非机动车道、人行道结构图如图 5-2 所示，树池砌筑示意图如图 5-3 所示。

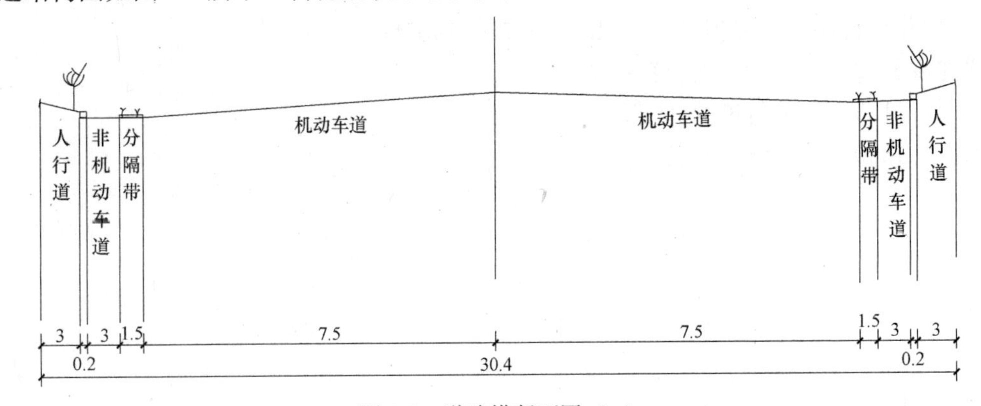

图 5-1　道路横断面图（m）

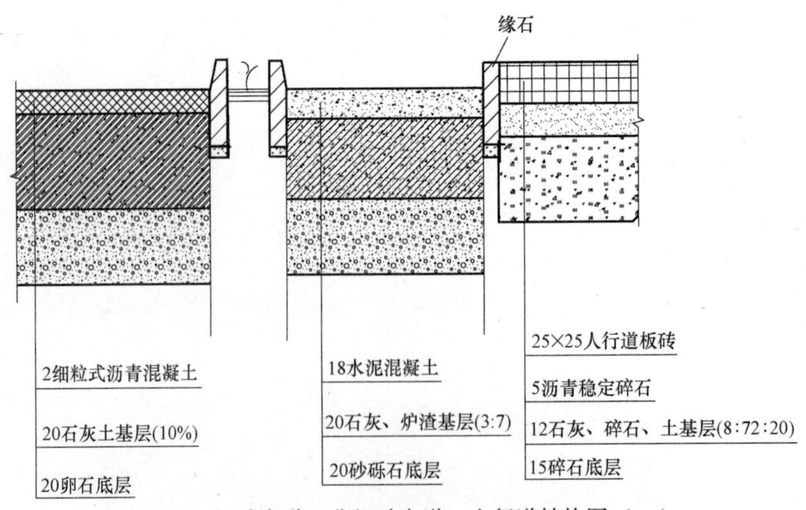

图 5-2　机动车道、非机动车道、人行道结构图（cm）

其中K1＋230至K1＋460为挖方路段，由于该路段雨量较大，为保证路基的稳定性，需设置截水沟和边沟，该段道路横断面图如图5-4所示，边沟的横断面图如图5-5所示，截水沟的横断面图如图5-6所示。

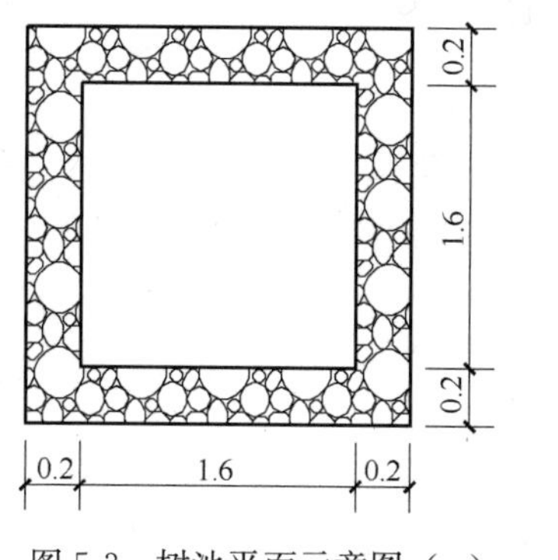

图5-3　树池平面示意图（m）

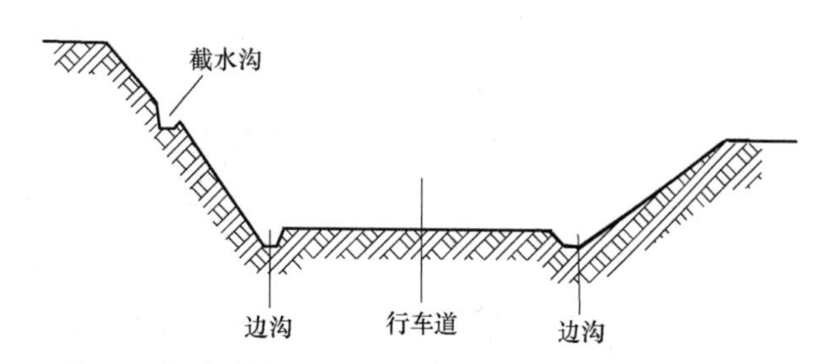

图5-4　挖方路段K1＋230至K1＋460之间的横断面图

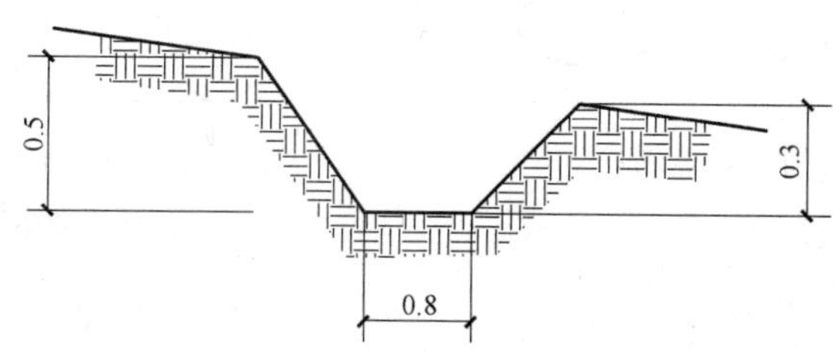

图5-5　边沟的横断面图（m）

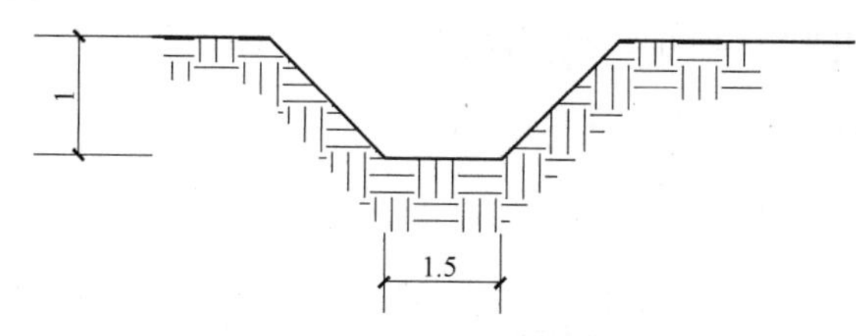

图5-6　挖方路段K1＋230至K1＋460之间截水沟的横断面图（m）

该道路K1＋510至K1＋610为淤泥，排水困难，需要设置边沟进行排水，并在边沟下设置盲沟，又由于该路段土基较湿、较软，容易沉陷，需要对其进行碎石桩处理，以保证路基强度，碎石桩前后间距为5m，桩径为40cm，该段道路横断面图如图5-7所示，盲沟横断面图如图5-8所示。

该道路下面铺设的电缆设施由电缆管道保护，已知电缆管道为7孔PVC管，管内穿

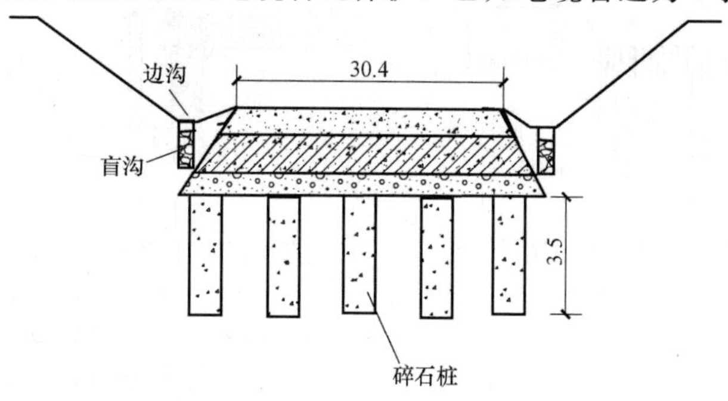

图5-7　路段K1＋510至K1＋610之间的横断面图（m）

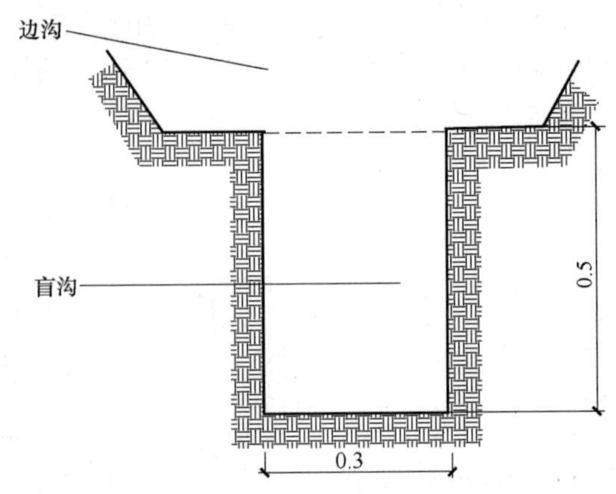

图 5-8 路段 K1+510 至 K1+610 之间的盲沟横断面图（m）

线的预留长度共 36m，另外为了便于地下管线的装拆，设有接线工作井，每 50m 设一座，接线工作井的示意图如图 5-9 所示，电缆保护管的示意图如图 5-10 所示。

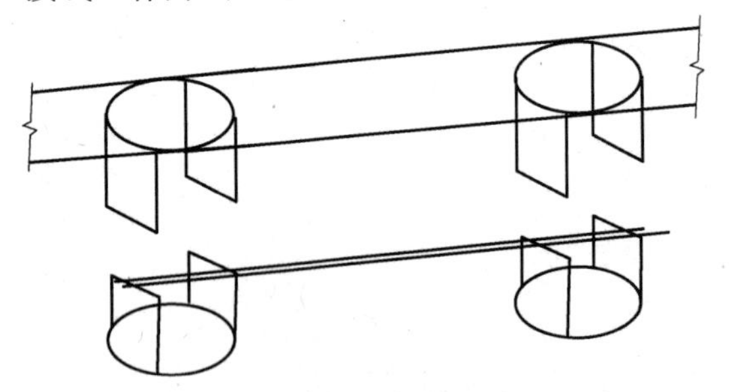

图 5-9 接线工作井示意图

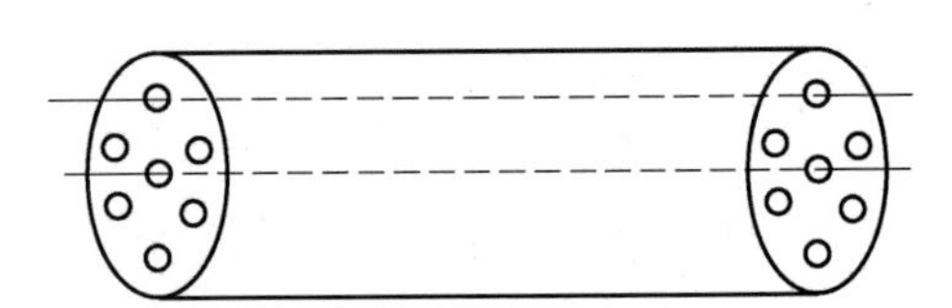

图 5-10 石棉水泥管电缆保护管（石棉水泥管）示意图

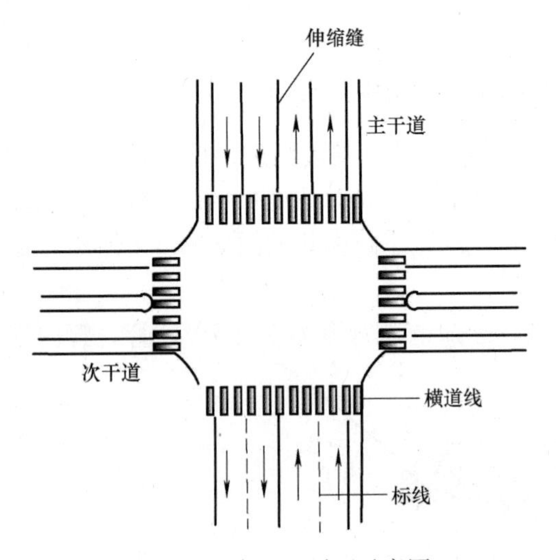

图 5-11 交叉口平面示意图

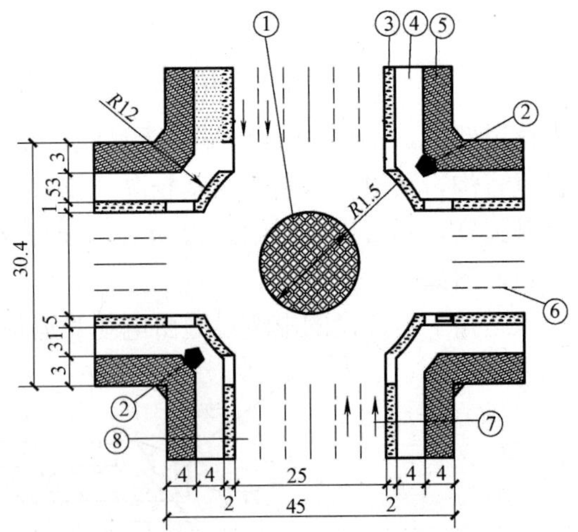

图 5-12 环形岛交叉口平面示意图（m）

1—环形岛；2—值警亭；3—绿化带；

4—非机动车道；5—人行道；6—车道分割线；

7—车辆行驶方向；8—机动车道

在此道路上有一次干道与之相交，交叉口处设有人行横道线，每条线长 2.2m，宽为 20cm。交叉口平面示意图如图 5-11 所示。

还有另一条道路与本道路相交，并在本交叉口建一环形岛，东西方向的道路为本道路；南北方向的道路为双向六车道，车道宽为 24m，道路总宽为 44m。该环形交叉口平面示意图如图 5-12 所示。

环形岛直径 $D=15$m，在环形岛的外侧有一个宽为 0.5m 的环形排水沟，内侧有一个宽为 0.5m 的环形分隔带，环形岛的正中央是一个直径为 5m 的雕像区，安置一个雕像，来显示本城市的人文文化，另外环形岛内还有四条扇形人行通道，人行通道的弧度为 30°，剩余的其他地方进行人工铺草皮，环形岛平面示意图如图 5-13 所示。

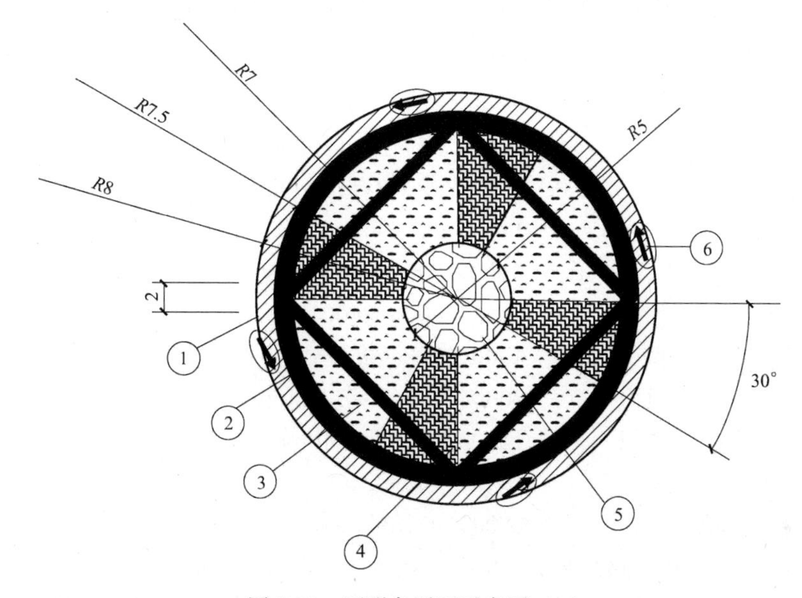

图 5-13　环形岛平面示意图（m）

1—环形排水沟；2—环形分隔带；3—草坪；4—人行通道；5—中央雕像区；6—环形方向指示牌

在环形岛的周围安置有车辆行驶的方向指示牌，指示牌示意图如图 5-14 所示。

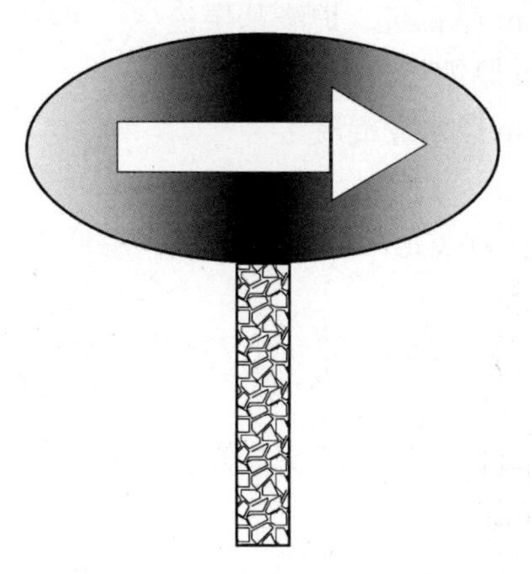

图 5-14　方向牌示意图

试计算该道路工程的工程量。

第二部分　工程量计算及清单表格编制

一、项目编码：040202010001　　项目名称：卵石
项目编码：040202002001　　项目名称：石灰稳定土
项目编码：040202009001　　项目名称：砂砾石
项目编码：040202004001　　项目名称：石灰、炉渣基层
项目编码：040203006001　　项目名称：沥青混凝土
项目编码：040203007001　　项目名称：水泥混凝土

（一）清单工程量

卵石底层面积	$800 \times 7.5 \times 2 = 12000m^2$
石灰土基层面积	$800 \times 7.5 \times 2 = 12000m^2$
石灰土基层体积	$12000 \times 0.2 = 2400m^3$
砂砾石底层面积	$2 \times 3 \times 800 = 2400 \times 2 = 4800m^2$
石灰、炉渣基层面积	$2 \times 3 \times 800 = 2400 \times 2 = 4800m^2$
石灰、炉渣基层体积	$4800 \times 0.2 = 960m^3$
细粒式沥青混凝土面积	$800 \times 7.5 \times 2 = 12000m^2$
细粒式沥青混凝土体积	$12000 \times 0.02 = 240m^3$
水泥混凝土面积	$2 \times 3 \times 800 = 2400 \times 2 = 4800m^2$
水泥混凝土体积	$4800 \times 0.18 = 864m^3$

【注释】 800——指道路总长；

7.5——指机动车道一侧的宽度，乘以 2 指整个机动车道宽度；

3——指非机动车道一侧的宽度；

0.2——指 20cm 厚的卵石底层；

0.2——指 20cm 厚石灰、炉渣基层；

0.02——指 2cm 厚细粒式沥青混凝土；

0.18——指 18cm 厚水泥混凝土。

（二）定额工程量

套用《河南省建设工程工程量清单综合单价》（2008）D 市政工程（第一册）。

卵石底层面积：$12000m^2$

套用定额 5-119，综合单价：1861.82 元，单位：$100m^2$

砂砾石底层面积：$4800m^2$

套用定额 5-112，综合单价：1720.71 元，单位：$100m^2$

石灰土基层面积：$12000m^2$

套用定额 5-68，综合单价：1318.27 元，单位：$100m^2$

石灰、炉渣基层面积：$4800m^2$

套用定额 1-179，综合单价：3548.46 元，单位：$100m^2$

细粒式沥青混凝土面积：12000m²

套用定额5-256，综合单价：1422.72元，单位：100m²

水泥混凝土面积：4800m²

套用定额5-260，综合单价：6005.18元，单位：100m²

（三）综合单价分析

根据上述某市道路新建工程的定额工程量和清单工程量计算，我们可以知道相应的投标和招标工程量。在实际工程中对某项工程进行造价预算的前提是要知道每个分部工程的单价，接下来，我们依据上述计算的工程量结合《河南省建设工程工程量清单综合单价》(2008) D市政工程（第一册）和《市政工程工程量计算规范》(GB 50857—2013) 进行工程量清单综合单价分析，具体分析过程见表5-1～表5-6。

综合单价分析表　　　　**表5-1**

工程名称：某市道路新建工程　　标段：K1+100至K1+900　　第　页　共　页

<table>
<tr><td>项目编码</td><td colspan="3">040202010001</td><td colspan="2">项目名称</td><td colspan="2">卵石</td><td>计量单位</td><td>m²</td><td>工程量</td><td>12000</td></tr>
<tr><td colspan="12">清单综合单价组成明细</td></tr>
<tr><td rowspan="2">定额编号</td><td rowspan="2">定额项目名称</td><td rowspan="2">定额单位</td><td rowspan="2">数量</td><td colspan="4">单价</td><td colspan="4">合价</td></tr>
<tr><td>人工费</td><td>材料费</td><td>机械费</td><td>管理费和利润</td><td>人工费</td><td>材料费</td><td>机械费</td><td>管理费和利润</td></tr>
<tr><td>5-119</td><td>20cm厚卵石底层，人机配合铺装</td><td>100m²</td><td>0.01</td><td>175.01</td><td>1292</td><td>211.63</td><td>183.18</td><td>1.7501</td><td>12.92</td><td>2.1163</td><td>1.8318</td></tr>
<tr><td colspan="2">人工单价</td><td colspan="6">小计</td><td>1.75</td><td>12.92</td><td>2.12</td><td>1.83</td></tr>
<tr><td colspan="2">43元/工日</td><td colspan="6">未计价材料费</td><td colspan="4"></td></tr>
<tr><td colspan="8">清单项目综合单价</td><td colspan="4"></td></tr>
<tr><td rowspan="5">材料费明细</td><td colspan="5">主要材料名称、规格、型号</td><td>单位</td><td>数量</td><td>单价（元）</td><td>合价（元）</td><td>暂估单价（元）</td><td>暂估合价（元）</td></tr>
<tr><td colspan="5">砂子，中粗</td><td>m³</td><td>0.0265</td><td>80</td><td>2.12</td><td></td><td></td></tr>
<tr><td colspan="5">卵石</td><td>m³</td><td>0.2387</td><td>45</td><td>10.74</td><td></td><td></td></tr>
<tr><td colspan="5">其他材料费</td><td>元</td><td>0.0585</td><td>1</td><td>0.06</td><td></td><td></td></tr>
<tr><td colspan="7">材料费小计</td><td>—</td><td>12.92</td><td>—</td><td></td></tr>
</table>

编制综合单价分析表的注意事项：

1. 工程量部分填写的是清单工程量。

2. 清单综合单价组成明细中的数量=(定额工程量/清单工程量)/定额单位。

3. 人工费、材料费、机械费、管理费和利润的单价是直接从定额中得出的，合价=单价×数量。

4. 清单项目综合单价=人工费+材料费+机械费+管理费和利润。

5. 材料费明细中填写的材料是套用定额中的主要材料，单位即定额中给出的单位，材料数量=定额中给出的材料的数量×清单综合单价组成明细中的数量；单价是直接从定额中得出的，合价=单价×材料数量。

其他综合单价分析表的数据来源与此表相同，就不再一一详述。

综合单价分析表 **表 5-2**

工程名称：某市道路新建工程　　标段：K1＋100 至 K1＋900　　第　页　共　页

项目编码	040202009001	项目名称	砂砾石	计量单位	m^2	工程量	4800

清单综合单价组成明细									
定额编号	定额项目名称	定额单位	数量	单价				合价			
				人工费	材料费	机械费	管理费和利润	人工费	材料费	机械费	管理费和利润
5-112	20cm 砂砾石底层(天然级配),人工铺装	100m^2	0.01	307.45	1012.27	112.39	288.6	3.0745	10.1227	1.1239	2.886
人工单价		小计						3.07	10.12	1.12	2.89
43 元/工日		未计价材料费									
清单项目综合单价								17.2			
材料费明细	主要材料名称、规格、型号				单位	数量		单价(元)	合价(元)	暂估单价(元)	暂估合价(元)
	砂砾,5～80mm				m^3	0.224		45	10.08		
	其他材料费				元	0.0427		1	0.04		
	材料费小计							—	10.12	—	

综合单价分析表 **表 5-3**

工程名称：某市道路新建工程　　标段：K1＋100 至 K1＋900　　第　页　共　页

项目编码	040202002001	项目名称	石灰稳定土	计量单位	m^2	工程量	12000

清单综合单价组成明细											
定额编号	定额项目名称	定额单位	数量	单价				合价			
				人工费	材料费	机械费	管理费和利润	人工费	材料费	机械费	管理费和利润
2-68	20cm 石灰土基层(10%),拖拉机拌合(带犁耙)	100m^2	0.01	845.81	525.57	57.91	772.41	8.4581	5.2557	0.5791	7.7241
人工单价		小计						8.46	5.26	0.58	7.72
43 元/工日		未计价材料费									
清单项目综合单价											
材料费明细	主要材料名称、规格、型号				单位	数量		单价(元)	合价(元)	暂估单价(元)	暂估合价(元)
	水				m^3	0.035		4.05	0.14175		
	黏土				m^3	0.2693		—	—		
	生石灰				t	0.034		150	5.1		
	其他材料费				元	0.0139		1	0.0139		
	材料费小计							—	5.26	—	

综合单价分析表　　**表 5-4**

工程名称：某市道路新建工程　　标段：K1+100 至 K1+900　　第　页　共　页

项目编码	040202004001		项目名称		石灰、炉渣		计量单位		m²	工程量	4800
清单综合单价组成明细											
定额编号	定额项目名称	定额单位	数量	单价				合价			
				人工费	材料费	机械费	管理费和利润	人工费	材料费	机械费	管理费和利润
2-179	20cm 石灰、炉渣基层(3∶7)(人机拌合)	100m²	0.01	736.16	2081.29	58.06	672.95	7.3616	20.8129	0.5806	6.7295
人工单价		小计						7.36	20.81	0.58	6.73
43 元/工日		未计价材料费									
清单项目综合单价											
材料费明细	主要材料名称、规格、型号				单位	数量		单价（元）	合价（元）	暂估单价（元）	暂估合价（元）
	水				m³	0.0389		4.05	0.1575		
	炉渣				m³	0.2255		40	9.02		
	生石灰				t	0.0773		150	11.595		
	其他材料费				元	0.0404		1	0.0404		
	材料费小计								20.81	—	

综合单价分析表　　**表 5-5**

工程名称：某市道路新建工程　　标段：K1+100 至 K1+900　　第　页　共　页

项目编码	040203006001		项目名称		沥青混凝土		计量单位		m²	工程量	12000
清单综合单价组成明细											
定额编号	定额项目名称	定额单位	数量	单价				合价			
				人工费	材料费	机械费	管理费和利润	人工费	材料费	机械费	管理费和利润
2-256	机械摊铺沥青混凝土	100m²	0.01	70.95	1165.93	108.19	77.65	0.7095	11.6593	1.0819	0.7765
人工单价		小计						0.71	11.66	1.08	0.78
43 元/工日		未计价材料费									
清单项目综合单价											
材料费明细	主要材料名称、规格、型号				单位	数量		单价（元）	合价（元）	暂估单价（元）	暂估合价（元）
	柴油				t	0.00002		5730	0.11		
	木柴				kg	0.011		0.5	0.0055		
	煤				t	0.00007		470	0.0329		
	沥青混凝土、细石				m³	0.0202		567.68	11.467		
	其他材料费				元	0.0392		1	0.039		
	材料费小计							—	11.66	—	

综合单价分析表 **表 5-6**

工程名称：某市道路新建工程　　标段：K1+100 至 K1+900　　第　页　共　页

项目编码	040203007001	项目名称		水泥混凝土		计量单位		m²	工程量	4800
清单综合单价组成明细										
定额编号	定额项目名称	定额单位	数量	单价				合价		
				人工费	材料费	机械费	管理费和利润	人工费	材料费	机械费	管理费和利润
2-260	18cm 水泥混凝土	100m²	0.01	1091.77	3923.2	—	990.21	10.9177	39.232	—	9.9021
人工单价		小计						10.92	39.23	—	9.9
43 元/工日		未计价材料费									
清单项目综合单价											

材料费明细	主要材料名称、规格、型号	单位	数量	单价（元）	合价（元）	暂估单价（元）	暂估合价（元）
	水	m³	0.216	4.05	0.8748		
	铁钉	kg	0.065	5.2	0.338		
	圆钉	kg	0.002	5.3	0.0106		
	木材（板方材）二等	m³	0.00044	1650	0.726		
	路面抗折混凝土 45 号（42.5 级）	m³	0.1836	202.19	37.122		
	其他材料费	元	0.1605	1	0.16		
	材料费小计				39.23	—	

二、项目编码：040204002001　　项目名称：人行道块料铺设

（一）清单工程量

碎石底层面积　$2\times3\times800=2400\times2=4800m^2$

C5 混凝土面积　$2\times3\times800=2400\times2=4800m^2$

C5 混凝土体积　$4800\times0.12=576m^3$

水泥砂浆面积　$2\times3\times800=2400\times2=4800m^2$

水泥砂浆体积　$4800\times0.05=240m^3$

人行道板面积　$2\times3\times800=2400\times2=4800m^2$

【注释】 800——指道路总长；

3——指人行道一侧的宽度；

0.12——指人行道 12cm 厚 C15 混凝土；

0.05——指人行道 5cm 厚水泥砂浆。

（二）定额工程量（套用《河南省建设工程工程量清单综合单价》（2008）D 市政工程（第一册））

碎石底层面积　$800\times(3\times2+2\times0.3)$

$=4800+480$

=5280m²

套用定额5-128，综合单价：1464.73元，单位：100m²

石灰、土、碎石基层面积　800×(3×2+2×0.3)

=4800+480

=5280m²

套用定额5-102，综合单价：824.67元，单位：100m²

沥青稳定碎石面积　800×(3×2+2×0.3)

=4800+480

=5280m²

套用定额5-175，综合单价：1684.28元，单位：100m²

人行道板面积　800×(3×2+2×0.3)

=4800+480

=5280m²

套用定额5-299，综合单价：659.17元，单位：10m²

【注释】 0.3——为路基一侧加宽值30cm。

（三）根据上述某市道路新建工程的定额工程量和清单工程量计算，我们可以知道相应的投标和招标工程量。在实际工程中对某项工程进行造价预算的前提是要知道每个分部工程的单价，接下来，我们依据上述计算的工程量结合《河南省建设工程工程量清单综合单价》(2008) D市政工程（第一册）和《市政工程工程量计算规范》(GB 50857—2013)进行工程量清单综合单价分析，具体分析过程见表5-7～表5-10。

综合单价分析表　　**表5-7**

工程名称：某市道路新建工程　　标段：K1+100至K1+900　　第　页　共　页

项目编码	040202011001	项目名称	碎石	计量单位	m²	工程量	4800				
清单综合单价组成明细											
定额编号	定额项目名称	定额单位	数量	单价				合价			
				人工费	材料费	机械费	管理费和利润	人工费	材料费	机械费	管理费和利润
2-128	15cm厚碎石底层(人机配合)	100m²	0.01	138.89	998.72	180.95	146.17	1.3889	9.9872	1.8095	1.4617
人工单价		小计						1.39	9.99	1.81	1.46
43元/工日		未计价材料费									
清单项目综合单价											
材料费明细	主要材料名称、规格、型号			单位	数量			单价(元)	合价(元)	暂估单价(元)	暂估合价(元)
	碎石，30～60mm			m³	0.1989			50	9.945		
	其他材料费			元	0.0422			1	0.0422		
	材料费小计								9.99	—	

综合单价分析表 **表 5-8**

工程名称：某市道路新建工程 标段：K1+100 至 K1+900 第 页 共 页

项目编码	040202005001	项目名称	石灰、碎石、土	计量单位	m^2	工程量	4800

清单综合单价组成明细											
定额编号	定额项目名称	定额单位	数量	单价				合价			
				人工费	材料费	机械费	管理费和利润	人工费	材料费	机械费	管理费和利润
2-102	人行道 12cm 石灰、土、碎石基层(8∶72∶20),机拌	$100m^2$	0.01	107.07	494.67	113.95	108.98	1.0707	4.9467	1.1395	1.0898
人工单价		小计						1.07	4.95	1.34	1.09
43 元/工日		未计价材料费									
清单项目综合单价											

材料费明细	主要材料名称、规格、型号	单位	数量	单价(元)	合价(元)	暂估单价(元)	暂估合价(元)
	碎石,50～80mm	m^3	0.0345	50	1.725		
	生石灰	t	0.0202	150	3.03		
	其他材料费	元	0.0153	1	0.0153		
	材料费小计				4.77	—	

综合单价分析表 **表 5-9**

工程名称：某市道路新建工程 标段：K1+100 至 K1+900 第 页 共 页

项目编码	040202016001	项目名称	沥青稳定碎石	计量单位	m^2	工程量	4800

清单综合单价组成明细											
定额编号	定额项目名称	定额单位	数量	单价				合价			
				人工费	材料费	机械费	管理费和利润	人工费	材料费	机械费	管理费和利润
2-175	人行道 5cm 沥青稳定碎石,喷洒机喷油、人工摊铺撒料	$100m^2$	0.01	178.02	1204.19	129.3	172.77	1.7802	12.0419	1.293	1.7277
人工单价		小计						0.78	12.04	1.29	1.73
43 元/工日		未计价材料费									
清单项目综合单价											

材料费明细	主要材料名称、规格、型号	单位	数量	单价(元)	合价(元)	暂估单价(元)	暂估合价(元)
	水	m^3	0.0068	4.05	0.028		
	碎石,20～40mm	m^3	0.0663	50.00	3.315		
	碎石,10～20mm	m^3	0.0163	50.00	0.815		
	石油沥青,60～100 号	t	0.0024	3267.00	7.84		
	其他材料费	元	0.0436	1	0.0436		
	材料费小计				12.04	—	

综合单价分析表 **表5-10**

工程名称：某市道路新建工程 标段：K1+100至K1+900 第 页 共 页

项目编码	040204002001	项目名称	人行道块料铺设	计量单位	m^2	工程量	4800

清单综合单价组成明细

定额编号	定额项目名称	定额单位	数量	单价				合价			
				人工费	材料费	机械费	管理费和利润	人工费	材料费	机械费	管理费和利润
2-299	人行道板宽3m（水泥砂浆）	$10m^2$	0.1	57.19	550.11	—	51.87	5.719	55.011	—	5.187
人工单价		小计						5.72	55.01	—	5.19
43元/工日		未计价材料费									
清单项目综合单价											

材料费明细	主要材料名称、规格、型号	单位	数量	单价（元）	合价（元）	暂估单价（元）	暂估合价（元）
	砂子，细粒	m^3	0.0004	30	0.012		
	水泥花砖，D型（60mm×220mm×219mm）	块	—	2.80	—		
	砂子，中粗	m^3	0.0041	80.00	0.328		
	水泥，32.5级	t	0.0009	280.00	0.252		
	生石灰	t	—	150.00	—		
	水泥花砖（50mm×250mm×250mm）	块	1.632	3.00	4.896		
	其他材料费	元	0.0123	1	0.0123		
	材料费小计				5.50	—	

三、项目编码：040802001001 项目名称：电杆组立
项目编码：040204007001 项目名称：树池砌筑
项目编码：040204004001 项目名称：安砌侧（平、缘）石
项目编码：040205012001 项目名称：隔离护栏

（一）清单工程量

立电杆数量：(800÷40+1)×2=42根

树池个数：(800÷5+1)×2=322个

路缘石长度：800×2=1600m

隔离栏长度：800m

【注释】 立电杆数量、树池个数、标杆个数等的计算规则为：

每一侧有（l÷b+1）个/根（l——指道路的总长，b——指相邻两个单体之间的距离）；

2——代表道路两侧都有；

800——指该道路的总长；

40——指每40m设立一根电杆；

5——指每5m砌筑一个树池。

路缘石路两侧都有，所以计算长度时乘以 2，隔离栏只设在路中间，只有一条，所以不需要乘以 2。

（二）定额工程量

照明器具安装（套用《河南省建设工程工程量清单综合单价》（2008）D 市政工程（第四册）①）

一般路灯工程量 42 套

套用定额 9-391，综合单价：2175. 57 元，单位：10 套

树池砌筑（套用《河南省建设工程工程量清单综合单价》（2008）D 市政工程（第一册））

树池砌筑工程量 （1. 6＋0. 1＋0. 1）×4×322＝2318. 4m

套用定额 5-336，综合单价：688. 42 元，单位：100m

路缘石长度 1600m

套用定额 5-319，综合单价：1869. 14 元，单位：100m

隔离护栏长度 800m

套用定额 5-429，综合单价：38. 23 元，单位：m

（三）综合单价分析

根据上述某市道路新建工程的定额工程量和清单工程量计算，我们可以知道相应的投标和招标工程量。在实际工程中对某项工程进行造价预算的前提是要知道每个分部工程的单价，接下来，我们依据上述计算的工程量结合《河南省建设工程工程量清单综合单价》（2008）D 市政工程（第一册）和《市政工程工程量计算规范》（GB 50857—2013）进行工程量清单综合单价分析，具体分析过程见表 5-11～表 5-14。

综合单价分析表 **表 5-11**

工程名称：某市道路新建工程　　标段：K1＋100 至 K1＋900　　第　页　共　页

项目编码	040802001001	项目名称	电杆组立	计量单位	根	工程量	42

清单综合单价组成明细											
定额编号	定额项目名称	定额单位	数量	单价				合价			
				人工费	材料费	机械费	管理费和利润	人工费	材料费	机械费	管理费和利润
9-391	一般路灯，单臂悬挑灯架安装，抱杆式、双抱箍，臂长 2. 5m	10 套	0. 1	500. 95	1218. 3	165. 93	290. 39	50. 095	121. 83	16. 593	29. 039
人工单价		小计						50. 1	121. 83	16. 59	29. 04
43 元/工日		未计价材料费									
清单项目综合单价											

材料费明细	主要材料名称、规格、型号	单位	数量	单价（元）	合价（元）	暂估单价（元）	暂估合价（元）
	电焊条（综合）	kg	0. 002	4	0. 008		
	绝缘导线 BV-1. 5mm^2	m	7	1. 20	8. 4		

续表

<table>
<tr><td>项目编码</td><td>040802001001</td><td>项目名称</td><td colspan="2">电杆组立</td><td>计量单位</td><td>根</td><td>工程量</td><td>42</td></tr>
<tr><td rowspan="15">材料费明细</td><td colspan="2">主要材料名称、规格、型号</td><td>单位</td><td>数量</td><td>单价（元）</td><td>合价（元）</td><td>暂估单价（元）</td><td>暂估合价（元）</td></tr>
<tr><td colspan="2">钢丝</td><td>kg</td><td>0.014</td><td>6.00</td><td>0.084</td><td></td><td></td></tr>
<tr><td colspan="2">绝缘导线 BV-4mm^2</td><td>m</td><td>21</td><td>2.77</td><td>58.17</td><td></td><td></td></tr>
<tr><td colspan="2">飞保险（羊角熔断器）10A</td><td>个</td><td>1.03</td><td>2.75</td><td>2.83</td><td></td><td></td></tr>
<tr><td colspan="2">精制六角螺栓，带帽 M16×60</td><td>套</td><td>4.08</td><td>0.90</td><td>3.672</td><td></td><td></td></tr>
<tr><td colspan="2">精制六角螺栓，带帽 M12×120</td><td>套</td><td>2.04</td><td>1.12</td><td>2.2848</td><td></td><td></td></tr>
<tr><td colspan="2">精制六角螺栓，带帽 M12×300</td><td>套</td><td>—</td><td>1.80</td><td>—</td><td></td><td></td></tr>
<tr><td colspan="2">铁担针式瓷瓶 3 号</td><td>个</td><td>2.06</td><td>5.24</td><td>10.79</td><td></td><td></td></tr>
<tr><td colspan="2">镀锌半挑，8mm×50mm×400mm</td><td>块</td><td>1.01</td><td>2.60</td><td>2.626</td><td></td><td></td></tr>
<tr><td colspan="2">镀锌大灯抱箍连压板</td><td>块</td><td>2.02</td><td>15.00</td><td>30.3</td><td></td><td></td></tr>
<tr><td colspan="2">镀锌油漆单臂悬挑灯架，双抱箍臂长 3m</td><td>套</td><td>1.01</td><td>—</td><td>—</td><td></td><td></td></tr>
<tr><td colspan="2">镀锌油漆单臂悬挑灯架，双抱箍臂长 5m</td><td>套</td><td>—</td><td>—</td><td>—</td><td></td><td></td></tr>
<tr><td colspan="2">灯架，镀锌油漆单臂悬挑，双抱箍臂长 5m 以外</td><td>个</td><td>—</td><td>—</td><td>—</td><td></td><td></td></tr>
<tr><td colspan="2">其他材料费</td><td>元</td><td>2.658</td><td>1</td><td>2.658</td><td></td><td></td></tr>
<tr><td colspan="4">材料费小计</td><td></td><td>121.83</td><td>—</td><td></td></tr>
</table>

综合单价分析表　　**表 5-12**

工程名称：某市道路新建工程　　标段：K1＋100 至 K1＋900　　第　页　共　页

<table>
<tr><td>项目编码</td><td colspan="2">040204007001</td><td colspan="2">项目名称</td><td colspan="2">树池砌筑</td><td>计量单位</td><td>个</td><td>工程量</td><td colspan="2">322</td></tr>
<tr><td colspan="13">清单综合单价组成明细</td></tr>
<tr><td rowspan="2">定额编号</td><td rowspan="2">定额项目名称</td><td rowspan="2">定额单位</td><td rowspan="2">数量</td><td colspan="4">单价</td><td colspan="4">合价</td></tr>
<tr><td>人工费</td><td>材料费</td><td>机械费</td><td>管理费和利润</td><td>人工费</td><td>材料费</td><td>机械费</td><td>管理费和利润</td></tr>
<tr><td>2-336</td><td>树池砌筑</td><td>100m</td><td>0.01</td><td>232.2</td><td>245.62</td><td>—</td><td>210.6</td><td>2.322</td><td>2.4562</td><td>—</td><td>2.106</td></tr>
<tr><td colspan="2">人工单价</td><td colspan="6">小计</td><td>2.32</td><td>2.46</td><td>—</td><td>2.11</td></tr>
<tr><td colspan="2">43 元/工日</td><td colspan="6">未计价材料费</td><td colspan="4"></td></tr>
<tr><td colspan="8">清单项目综合单价</td><td colspan="4"></td></tr>
</table>

<table>
<tr><td rowspan="9">材料费明细</td><td>主要材料名称、规格、型号</td><td>单位</td><td>数量</td><td>单价（元）</td><td>合价（元）</td><td>暂估单价（元）</td><td>暂估合价（元）</td></tr>
<tr><td>混合砂浆，M5，砌筑砂浆</td><td>m^3</td><td>0.001</td><td>153.39</td><td>0.15</td><td></td><td></td></tr>
<tr><td>1∶3 水泥砂浆</td><td>m^3</td><td>—</td><td>195.94</td><td>—</td><td></td><td></td></tr>
<tr><td>机砖，240mm×115mm×53mm</td><td>千块</td><td>0.0082</td><td>280.00</td><td>2.296</td><td></td><td></td></tr>
<tr><td>混凝土块</td><td>m</td><td>—</td><td>19.54</td><td>—</td><td></td><td></td></tr>
<tr><td>石质块</td><td>m</td><td>—</td><td>19.50</td><td>—</td><td></td><td></td></tr>
<tr><td>条石块</td><td>m</td><td>—</td><td>19.50</td><td>—</td><td></td><td></td></tr>
<tr><td>其他材料费</td><td>元</td><td>0.0068</td><td>1</td><td>0.0068</td><td></td><td></td></tr>
<tr><td colspan="3">材料费小计</td><td></td><td>2.46</td><td>—</td><td></td></tr>
</table>

综合单价分析表

表 5-13

工程名称：某市道路新建工程　　标段：K1+100 至 K1+900　　第　页　共　页

项目编码	040204004001	项目名称	路缘石安砌	计量单位	m	工程量	1600

清单综合单价组成明细											
定额编号	定额项目名称	定额单位	数量	单价				合价			
				人工费	材料费	机械费	管理费和利润	人工费	材料费	机械费	管理费和利润
2-319	C30 混凝土缘石安砌，砂垫层	100m	0.01	219.3	1450.94	—	198.9	2.193	14.5094	—	1.989
人工单价		小计						2.19	14.51	—	1.99
43 元/工日		未计价材料费									
清单项目综合单价											

材料费明细	主要材料名称、规格、型号	单位	数量	单价（元）	合价（元）	暂估单价（元）	暂估合价（元）
	1：3 石灰砂浆	m^3	0.0062	67.23	0.42		
	1：3 水泥砂浆	m^3	0.0001	195.94	0.02		
	混凝土缘石	m	1.015	13.80	14.007		
	石质缘石	m	0	19.50	0		
	其他材料费	元	0.066	1	0.066		
	材料费小计				14.51	—	

综合单价分析表

表 5-14

工程名称：某市道路新建工程　　标段：K1+100 至 K1+900　　第　页　共　页

项目编码	040205012001	项目名称	隔离护栏	计量单位	m	工程量	800

清单综合单价组成明细											
定额编号	定额项目名称	定额单位	数量	单价				合价			
				人工费	材料费	机械费	管理费和利润	人工费	材料费	机械费	管理费和利润
2-429	隔离护栏安装	m	1	6.02	22.03	4.17	6.01	6.02	22.03	4.17	6.01
人工单价		小计						6.02	22.03	4.17	6.01
43 元/工日		未计价材料费									
清单项目综合单价											

材料费明细	主要材料名称、规格、型号	单位	数量	单价（元）	合价（元）	暂估单价（元）	暂估合价（元）
	现浇碎石混凝土，粒径不大于 16mm（32.5 级水泥）C20	m^3	0.027	186.09	5.02443		
	车行分隔栏，活动式	片	—	—	—		
	车行分隔栏，固定式	片	0.4	—	—		
	机非隔离护栏	片	—	—	—		
	螺栓（综合）	套	0.816	0.50	0.408		
	调和漆	kg	0.494	13.00	6.422		
	醇酸防锈漆，红丹	kg	0.727	14.00	10.178		
	材料费小计				22.03	—	

四、项目编码：040201022001 项目名称：排水沟、截水沟
项目编码：040201023001 项目名称：盲沟
项目编码：040201016001 项目名称：石灰桩

（一）清单工程量

边沟长度　　(1900－1100)×2＝1600m

截水沟长度　　(1460－1230)＝230m

【注释】 1900——指 K1＋900；

1100——指 K1＋100；

1460——指 K1＋460；

1230——指 K1＋230；

2——由图 5-4 可知路两侧各有一边沟，所以需要乘以 2，而截水沟只有路一边有，所以不需要乘以 2。

盲沟长度　　(610－510)×2＝200m

石灰砂桩长度　　[(610－510)÷5＋1]×5×3.5＝367.5m

【注释】 610－510——相当于 K1＋610－K1＋510；

2——指道路两侧都有盲沟；

第一个 5——指碎石桩前后间距为 5m；

第二个 5——由图 5-7 可知共有 5 排碎石桩；

3.5——指桩高 3.5m。

（二）定额工程量

边沟挖土方　[(1.5＋1×0.25×2)＋1.5]×1÷2×1600＝2800m^3

【注释】 1.5——指梯形边沟的底边长；

1——指梯形边沟的高；

0.25——指放坡系数；

(1.5＋1×0.25×2)——指梯形边沟的上边长；

[(1.5＋1×0.25×2)＋1.5]×1÷2——指梯形边沟的横截面积；

1600——指边沟的长度；

截水沟挖土方　{[(0.8＋0.3×0.25×2)＋0.8]×0.3÷2＋(0.8＋0.3×0.25×2)×(0.5－0.3)÷2}×230＝82.225m^3

【注释】 把截水沟分为下边的梯形和上边的三角形两部分；

0.8——指下边梯形的底边长；

0.3——指下边梯形的高；

0.25——指放坡系数；

0.8＋0.3×0.25×2——指下边梯形的上边长，也指上边三角形的底边长；

[(0.8＋0.3×0.25×2)＋0.8]×0.3÷2——指下边梯形的面积；

(0.5－0.3)——指三角形的高；

230——指截水沟的长度。

盲沟挖土方　　$0.3\times0.5\times200=30\text{m}^3$

【注释】 0.3——矩形盲沟的底边长；

0.5——矩形盲沟的高；

200——盲沟的长度。

挖土方工程总量　　$2800+82.225+30=2912.225\text{m}^3$

套用定额 1-39，综合单价：4478.18 元，单位：100m^3

（人工挖沟槽）

【注释】 边沟、截水沟、盲沟三者挖土方之和。

余土方工程量　　$2800+82.225+30=2912.225\text{m}^3$

（自卸汽车（载重 10t）运土运距 1.8km）

套用定额 1-165，综合单价：10734.59 元，单位：1000m^3

盲沟工程量 200m

套用定额 5-38，综合单价：2151.78 元，单位：100m

（砂石盲沟，40cm×40cm）

石灰砂桩工程量　　$\pi\times0.2^2\times367.5=46158\text{m}^3$

套用定额 5-26，综合单价：2625.45，单位：10m^3

（三）综合单价分析

根据上述某市道路新建工程的定额工程量和清单工程量计算，我们可以知道相应的投标和招标工程量。在实际工程中对某项工程进行造价预算的前提是要知道每个分部工程的单价，接下来，我们依据上述计算的工程量结合《河南省建设工程工程量清单综合单价》（2008）D 市政工程（第一册）和《市政工程工程量计算规范》（GB 50857—2013）进行工程量清单综合单价分析，具体分析过程见表 5-15～表 5-18。

综合单价分析表　　**表 5-15**

工程名称：某市道路新建工程　　标段：K1+100 至 K1+900　　第　页　共　页

项目编码	040201022001		项目名称		排水沟、截水沟	计量单位		m	工程量		1600
清单综合单价组成明细											
定额编号	定额项目名称	定额单位	数量	单价				合价			
				人工费	材料费	机械费	管理费和利润	人工费	材料费	机械费	管理费和利润
1-39	排水边沟、截水沟、盲沟，四类土	100m^3	0.01	3320.03	—	—	1158.15	33.2003	—	—	11.5815
人工单价		小计						33.2	—	—	11.58
43 元/工日		未计价材料费									
清单项目综合单价											
材料费明细								单价（元）	合价（元）	暂估单价（元）	暂估合价（元）
	材料费小计										

综合单价分析表　　　　**表 5-16**

工程名称：某市道路新建工程　　　　标段：K1＋100 至 K1＋900　　　　第　页　共　页

项目编码	040201022002	项目名称	排水沟、截水沟	计量单位	m	工程量	230

清单综合单价组成明细											
定额编号	定额项目名称	定额单位	数量	单价				合价			
				人工费	材料费	机械费	管理费和利润	人工费	材料费	机械费	管理费和利润
1-165	自卸汽车运土(1.5km)	$1000m^3$	0.001	—	—	10281.59	453	—	—	10.28159	0.453
人工单价		小计						—	—	10.28	0.453
43元/工日		未计价材料费									
清单项目综合单价											
材料费明细								单价(元)	合价(元)	暂估单价(元)	暂估合价(元)
	材料费小计										

综合单价分析表　　　　**表 5-17**

工程名称：某市道路新建工程　　　　标段：K1＋100 至 K1＋900　　　　第　页　共　页

项目编码	040201023001	项目名称	盲沟	计量单位	m	工程量	200

清单综合单价组成明细											
定额编号	定额项目名称	定额单位	数量	单价				合价			
				人工费	材料费	机械费	管理费和利润	人工费	材料费	机械费	管理费和利润
2-38	碎石盲沟	100m	0.01	572.33	1060.36	—	519.09	5.7233	10.6036	—	5.1909
人工单价		小计						5.72	10.6	—	5.19
43元/工日		未计价材料费									
清单项目综合单价											
材料费明细	主要材料名称、规格、型号					单位	数量	单价(元)	合价(元)	暂估单价(元)	暂估合价(元)
	砂子，中粗					m^2	0.03	80	2.4		
	虑管，ϕ30					m	—	50	—		
	碎石，50～80mm					m^2	0.1632	50	8.16		
	其他材料费					元	0.0436	1	0.0436		
	材料费小计								10.6	—	

综合单价分析表 **表 5-18**

工程名称：某市道路新建工程　　标段：K1＋100 至 K1＋900　　第　页　共　页

项目编码	040201016001	项目名称	石灰桩	计量单位	m	工程量	367.50

清单综合单价组成明细											
定额编号	定额项目名称	定额单位	数量	单价				合价			
				人工费	材料费	机械费	管理费和利润	人工费	材料费	机械费	管理费和利润
2-26	石灰砂桩，桩径40cm，高 3.5m	$10m^3$	0.1	731	1231.45	—	663	73.1	123.145	—	66.3
人工单价		小计						73.1	123.15	—	66.3
43 元/工日		未计价材料费									
清单项目综合单价											

	主要材料名称、规格、型号	单位	数量	单价（元）	合价（元）	暂估单价（元）	暂估合价（元）
材料费明细	砂子，中粗	m^2	0.026	80	2.08		
	生石灰	t	0.068	150	10.2		
	其他材料费	元	0.0345	1	0.0345		
	材料费小计				12.31	—	

五、项目编码：040205001001　项目名称：接线工作井
项目编码：040205002001　项目名称：电缆保护管
项目编码：040205016001　项目名称：管内配线

（一）清单工程量

接线工作井个数　　800÷50＋1＝17 座

PVC 邮电塑料管长度　　800m

管内穿线长度　　(800×7＋36)＝5636m

【注释】 800——指道路长度；

50——指接线工作井间距；

7——指邮电管道为 7 孔 PVC 管；

36——管内穿线的余留长度。

（二）定额工程量

接线工作井工程量　　17 座

套用定额 5-342，综合单价：161.07 元，单位：座

电缆保护管铺设（套用《河南省建设工程工程量清单综合单价》(2008) D 市政工程（第四册）①）

电缆保护管（石棉水泥管）工程量 800m

套用定额 9-161，综合单价：87.04 元，单位：10m

电缆安装工程量 5636m

套用定额 9-126，综合单价：604.18 元，计量单位：100m

【注释】 电缆安装工程量即电缆线长度，也是管内穿线长度。

铜芯电缆敷设（水平电缆）。

（三）综合单价分析

根据上述某市道路新建工程的定额工程量和清单工程量计算，我们可以知道相应的投标和招标工程量。在实际工程中对某项工程进行造价预算的前提是要知道每个分部工程的单价，接下来，我们依据上述计算的工程量结合《河南省建设工程工程量清单综合单价》(2008) D 市政工程（第一册）和《市政工程工程量计算规范》(GB 50857—2013) 进行工程量清单综合单价分析，具体分析过程见表 5-19～表 5-21。

综合单价分析表　　　　**表 5-19**

工程名称：某市道路新建工程　　标段：K1＋100 至 K1＋900　　第　页　共　页

项目编码	040205001001	项目名称	接线工作井	计量单位	座	工程量	17

清单综合单价组成明细

定额编号	定额项目名称	定额单位	数量	单价				合价			
				人工费	材料费	机械费	管理费和利润	人工费	材料费	机械费	管理费和利润
2-342	接线工作井 JXG-76	座	1	61.49	43.81	—	55.77	61.49	43.81	—	55.77
人工单价		小计						61.49	43.81	—	55.77
43 元/工日		未计价材料费									
清单项目综合单价											

材料费明细	主要材料名称、规格、型号	单位	数量	单价（元）	合价（元）	暂估单价（元）	暂估合价（元）
	碎石，20～40mm	m^3	0.064	50	3.2		
	砂子，中粗	m^3	0.021	80	1.68		
	机砖，240mm×115mm×53mm	千块	0.083	280	23.24		
	铸铁井盖井座 JXG-56	套	—	—	—		
	铸铁井盖井座/铸铁井盖井座 JXG-76	套	1	—	—		
	现浇碎石混凝土，粒径不大于 16mm(32.5 级水泥)C20	m^3	0.08	186.09	14.89		
	水泥砂浆，M10，砌筑砂浆	m^3	0.005	160.05	0.8		
	其他材料费	元	—	—	—		
	材料费小计				43.81	—	

综合单价分析表 **表 5-20**

工程名称：某市道路新建工程　　标段：K1＋100 至 K1＋900　　第　页　共　页

项目编码	040205002001	项目名称	电缆保护管	计量单位	m	工程量	800				
清单综合单价组成明细											
定额编号	定额项目名称	定额单位	数量	单价				合价			
				人工费	材料费	机械费	管理费和利润	人工费	材料费	机械费	管理费和利润
9-161	电缆保护管（石棉水泥管）铺设（直径 75mm）	10m	0.1	45.15	16.37	—	25.52	4.515	1.637	—	2.552
人工单价		小计						4.52	1.64	—	2.55
43 元/工日		未计价材料费									
清单项目综合单价								8.71			

	主要材料名称、规格、型号	单位	数量	单价（元）	合价（元）	暂估单价（元）	暂估合价（元）
材料费明细	电缆保护管，石棉水泥，150mm 以下	m	10	—	—		
	石棉绒	kg	0.08	5.1	0.408		
	镀锌钢丝，8～12 号	kg	0.11	4.6	0.50		
	砂子，中粗	m^2	0.005	80	0.4		
	水泥，32.5 级	t	0.0006	280	0.17		
	破布	kg	0.05	3.1	0.155		
	其他材料费（占材料费）	—	—	—	—		
	材料费小计				1.64	—	

综合单价分析表 **表 5-21**

工程名称：某市道路新建工程　　标段：K1＋100 至 K1＋900　　第　页　共　页

项目编码	040205016001	项目名称	管内配线	计量单位	m	工程量	5636				
清单综合单价组成明细											
定额编号	定额项目名称	定额单位	数量	单价				合价			
				人工费	材料费	机械费	管理费和利润	人工费	材料费	机械费	管理费和利润
9-126	电缆敷设	100m	0.01	302.29	123.41	7.16	171.32	3.0229	1.2341	0.0716	1.7132
人工单价		小计						3.02	1.23	0.07	1.71
43 元/工日		未计价材料费									

续表

项目编码	040205016001		项目名称	管内配线		计量单位	m	工程量	5636
清单项目综合单价						6.03			
材料费明细	主要材料名称、规格、型号			单位	数量	单价（元）	合价（元）	暂估单价（元）	暂估合价（元）
	金属胀锚螺栓，M10×80			套	0.162	1.39	0.225		
	镀锌精制螺栓，带帽，M8×80			套	0.306	0.7	0.2142		
	镀锌电缆卡子，2×35			套	0.234	1.34	0.31		
	铜芯电缆 35mm² 以内			m	1.025	—	—		
	钻头，合金钢，ϕ10			个	0.0016	9.6	0.015		
	镀锌电缆吊挂，3.0×50			套	0.0711	2.5	0.178		
	硬脂酸一级			kg	0.0005	7	0.0035		
	沥青绝缘漆			kg	0.001	10	0.01		
	封铅，含铅65%，含锡35%			kg	0.0102	13	0.1326		
	橡胶垫，σ2			m²	0.0007	32.97	0.023		
	标志牌			个	0.06	0.25	0.015		
	镀锌钢丝，8～12号			kg	0.0032	4.6	0.01472		
	汽油，60～70号			kg	0.0075	5.92	0.0444		
	破布			kg	0.005	3.1	0.0155		
	其他材料费（占材料费）			元	0.0293	1	0.029		
	材料费小计						1.23	—	

六、项目编码：040205008001　　项目名称：横道线
项目编码：040205006001　　项目名称：标线

（一）清单工程量

横道线的面积　　0.2×2.2×(12+12+7+7)=16.72m²

标线长度　　800×2=1600m

【注释】 0.2m——指人行横道线的宽度；

2.2m——指人行横道线的长度；

12、12、7、7——指人行横道线的个数；

800m——指道路的长度；

2——指共有2条标线。

（二）定额工程量

横道线的工程量　16.72m²

套用定额5-416，综合单价：18.16，单位：m²

标线工程量　1.6km

套用定额5-382，综合单价：902.30元，单位：km

（三）综合单价分析

根据上述某市道路新建工程的定额工程量和清单工程量计算，我们可以知道相应的投

标和招标工程量。在实际工程中对某项工程进行造价预算的前提是要知道每个分部工程的单价，接下来，我们依据上述计算的工程量结合《河南省建设工程工程量清单综合单价》(2008) D 市政工程（第一册）和《市政工程工程量计算规范》(GB 50857—2013) 进行工程量清单综合单价分析，具体分析过程见表 5-22～表 5-23。

综合单价分析表 **表 5-22**

工程名称：某市道路新建工程　　标段：K1＋100 至 K1＋900　　第　页　共　页

项目编码	040205008001	项目名称	横道线	计量单位	m^2	工程量	16.72

清单综合单价组成明细											
定额编号	定额项目名称	定额单位	数量	单价				合价			
				人工费	材料费	机械费	管理费和利润	人工费	材料费	机械费	管理费和利润
2-416	人行横道线	m^2	1	9.03	0.17	0.69	8.27	9.03	0.17	0.69	8.27
人工单价		小计						9.03	0.17	0.69	8.27
43 元/工日		未计价材料费									
清单项目综合单价											

材料费明细	主要材料名称、规格、型号	单位	数量	单价（元）	合价（元）	暂估单价（元）	暂估合价（元）
	反光材料，玻璃珠 6950	kg	—	—	—		
	底漆	kg	—	—	—		
	氯化橡胶标线漆	kg	0.444	—	—		
	氯化橡胶耐磨标线漆	kg	—	—	—		
	热熔标线涂料	kg	—	—	—		
	稀释剂	kg	0.015	11.37	0.17		
	其他材料费（占材料费）	%	1	—	—		
	材料费小计				0.17	—	

综合单价分析表 **表 5-23**

工程名称：某市道路新建工程　　标段：K1＋100 至 K1＋900　　第　页　共　页

项目编码	040205006001	项目名称	标线	计量单位	m	工程量	1600

清单综合单价组成明细											
定额编号	定额项目名称	定额单位	数量	单价				合价			
				人工费	材料费	机械费	管理费和利润	人工费	材料费	机械费	管理费和利润
2-382	分界虚线，2m×4m，热熔漆	km	1	295.84	—	311.33	295.15	295.84	—	311.33	295.15
人工单价		小计						295.84	—	311.33	295.15
43 元/工日		未计价材料费									
清单项目综合单价											

材料费明细				单价（元）	合价（元）	暂估单价（元）	暂估合价（元）
	材料费小计						

七、项目编码：040205004001　　　　项目名称：标志板

（一）清单工程量

标志板个数　　　　4 块

【注释】 由图 5-13 可以看出标志板有 4 个。

（二）定额工程量同清单工程量

套用定额 5-367，综合单价：151.75 元，单位：块

（三）综合单价分析

根据上述某市道路新建工程的定额工程量和清单工程量计算，我们可以知道相应的投标和招标工程量。在实际工程中对某项工程进行造价预算的前提是要知道每个分部工程的单价，接下来，我们依据上述计算的工程量结合《河南省建设工程工程量清单综合单价》(2008 年) D 市政工程（第一册）和《市政工程工程量计算规范》(GB 50857—2013) 进行工程量清单综合单价分析，具体分析过程见表 5-24。

综合单价分析表　　　　**表 5-24**

工程名称：某市道路新建工程　　　　标段：K1＋100 至 K0＋900　　　　第　页　共　页

<table>
<tr><td colspan="2">项目编码</td><td colspan="2">40101002001</td><td colspan="2">项目名称</td><td colspan="2">标志板</td><td>计量单位</td><td>块</td><td>工程量</td><td>4</td></tr>
<tr><td colspan="12">清单综合单价组成明细</td></tr>
<tr><td rowspan="2">定额编号</td><td rowspan="2">定额项目名称</td><td rowspan="2">定额单位</td><td rowspan="2">数量</td><td colspan="4">单价</td><td colspan="4">合价</td></tr>
<tr><td>人工费</td><td>材料费</td><td>机械费</td><td>管理费和利润</td><td>人工费</td><td>材料费</td><td>机械费</td><td>管理费和利润</td></tr>
<tr><td>2-367</td><td>标志板，1m² 以内</td><td>块</td><td>1</td><td>17.2</td><td>10</td><td>97.25</td><td>27.3</td><td>17.2</td><td>10</td><td>97.25</td><td>27.3</td></tr>
<tr><td colspan="2">人工单价</td><td colspan="6">小计</td><td>17.2</td><td>10</td><td>97.25</td><td>27.3</td></tr>
<tr><td colspan="2">43 元/工日</td><td colspan="6">未计价材料费</td><td colspan="4"></td></tr>
<tr><td colspan="8">清单项目综合单价</td><td colspan="4">151.75</td></tr>
<tr><td rowspan="4">材料费明细</td><td colspan="4">主要材料名称、规格、型号</td><td>单位</td><td colspan="2">数量</td><td>单价（元）</td><td>合价（元）</td><td>暂估单价（元）</td><td>暂估合价（元）</td></tr>
<tr><td colspan="4">标志板，1m² 以内</td><td>块</td><td colspan="2">1</td><td>—</td><td>—</td><td></td><td></td></tr>
<tr><td colspan="4"></td><td>套</td><td colspan="2">2</td><td>5</td><td>10</td><td></td><td></td></tr>
<tr><td colspan="7">材料费小计</td><td></td><td>10</td><td>—</td><td></td></tr>
</table>

某市道路新建工程的清单工程量计算表见表 5-25。

清单工程量计算表　　　　**表 5-25**

序号	项目编码	项目名称	项目特征描述	计量单位	工程量
1	040202010001	卵石	20cm 厚卵石底层，人机配合铺装	m²	12000
2	040202009001	砂砾石	20cm 砂砾石底层（天然级配），人工铺装	m²	4800
3	040202002001	石灰土	20cm 石灰土基层（10%），拖拉机拌合（带犁耙）	m²	12000

续表

序号	项目编码	项目名称	项目特征描述	计量单位	工程量
4	040203006002	沥青混凝土	2cm 细粒式沥青混凝土(机械摊铺)	m^2	12000
5	040202004001	石灰、炉渣基层	20cm 石灰、炉渣基层(3∶7)(人机拌合)	m^2	4800
6	040203007001	水泥混凝土	18cm 水泥混凝土	m^2	4800
7	040202011001	碎石	15cm 厚碎石底层(人机配合)	m^2	4800
8	040202005001	石灰、土、碎石	人行道 12cm 石灰、土、碎石基层(8∶72∶20),机拌	m^2	4800
9	040202016001	沥青稳定碎石	人行道 5cm 沥青稳定碎石,喷洒机喷油、人工摊铺撒料	m^2	4800
10	040204002001	人行道块料铺设	人行道板宽 3m(水泥砂浆)	m^2	4800
11	040802001001	电杆组立	一般路灯,单臂悬挑灯架安装,抱杆式、双抱箍,臂长 2.5m	根	42
12	040204007001	树池砌筑	树池砌筑	个	322
13	040204004001	安砌侧(平、缘)石	C30 混凝土缘石安砌,砂垫层	m	1600
14	040205012001	隔离护栏	隔离护栏安装	m	800
15	040201022001	排水沟、截水沟	排水边沟,四类土	m	1600
16	040201022002	排水沟、截水沟	截水沟	m	230
17	040201023001	盲沟	碎石盲沟	m	200
18	040201016001	石灰桩	桩径 40cm,高 3.5m	m	367.5
19	040205001001	接线工作井	接线工作井 JXG-76	座	17
20	040205002001	电缆保护管	电缆保护管(石棉水泥管)铺设(直径 75mm)	m	800
21	040205016001	管内配线	管内穿线(导线截面 7.8mm^2)	m	5636
22	040205008001	横道线	人行横道线,冷漆	m^2	16.72
23	040205006001	标线	标线,2m×4m,热熔漆	m	1600
24	040205004001	标志板	1m^2 以内	块	4

某市道路新建工程的施工图预算见表 5-26。

某市道路新建工程施工图预算表 **表 5-26**

序号	定额编号	分项工程名称	计量单位	工程量	基价(元)	其中(元)					合价(元)
						人工费	材料费	机械费	管理费	利润	
1	5-119	卵石底层	100m^2	120	1861.82	175.01	1292	211.63	93.94	89.24	223418.40
2	5-112	砂砾石	100m^2	48	1720.71	307.45	1012.27	112.39	148	140.6	82594.08
3	5-68	石灰稳定土	100m^2	120	1318.27	845.81	525.57	57.91	396.1	376.31	158192.40
4	5-256	沥青混凝土	100m^2	120	1422.72	70.95	1165.93	108.19	39.82	37.83	170726.40
5	5-179	石灰、炉渣	100m^2	48	3548.46	736.16	2081.29	58.06	345.1	327.85	170326.08
6	5-260	水泥混凝土	100m^2	48	6005.18	1091.77	3923.2	—	507.8	482.41	288248.64
7	5-128	碎石	100m^2	52.8	1464.73	138.89	998.72	180.95	74.96	71.21	77337.74

续表

序号	定额编号	分项工程名称	计量单位	工程量	基价（元）	其中（元）					合价（元）
						人工费	材料费	机械费	管理费	利润	
8	5-102	石灰、土、碎石	100m²	52.8	824.67	107.07	494.67	113.95	55.9	53.08	43542.58
9	5-175	沥青稳定碎石	100m²	52.8	1684.28	178.02	1204.19	129.3	88.6	84.17	88929.98
10	5-299	人行道板安砌	10m²	528	659.17	57.19	550.11	—	26.6	25.27	348041.76
11	9-391	照明器具安装	10套	4.2	2175.57	500.95	1218.3	165.93	179.25	111.14	9137.39
12	5-336	树池砌筑	100m	23.184	688.42	232.2	245.62	—	108	102.6	15960.33
13	5-319	路缘石安砌	100m	16	1869.14	219.3	1450.94	—	102	96.9	29906.24
14	5-429	隔离护栏安装	m	800	38.23	6.02	22.03	4.17	3.08	2.93	30584.00
15	1-39	挖沟槽土方	100m³	29.12225	4478.18	3320.03	—	—	694.89	463.26	130414.68
16	1-165	余方弃置	1000m³	2.912225	10734.59	—	—	10281.59	271.8	181.2	31261.54
17	5-38	盲沟	100m	2	2151.78	572.33	1060.36	—	266.2	252.89	4303.56
18	2-26	石灰砂桩	10m³	4.6158	2625.45	731	1231.45	—	340	323	12118.55
19	5-342	接线工作井	座	17	161.07	61.49	43.81	—	28.6	27.17	2738.19
20	5-416	横道线	m²	16.72	18.16	9.03	0.17	0.69	4.24	4.03	303.64
21	5-382	分界虚线	km	1.6	902.32	295.84	—	311.33	151.36	143.79	1443.71
22	9-161	电缆保护管	10m	80	87.04	45.15	16.37	—	15.75	9.77	6963.20
23	9-126	电缆敷设	100m	56.36	604.18	302.29	123.41	7.16	105.75	65.57	34051.58
24	5-367	标志板	标志板，1m² 以内	4	151.75	17.2	10	97.25	14	13.3	607.00

某市道路新建工程的分部分项工程和单价措施项目清单与计价表见表5-27。

分部分项工程和单价措施项目清单与计价表 **表5-27**

工程名称：某市道路新建工程　　标段：K0+100～K0+900　　第 页 共 页

序号	项目编码	项目名称	项目特征描述	计量单位	工程量	金额（元）		
						综合单价	合价	其中：暂估价
1	040202010001	卵石	20cm厚卵石底层，人机配合铺装	m²	12000	18.62	223440.00	
2	040202009001	砂砾石	20cm砂砾石底层（天然级配），人工铺装	m²	4800	17.2	82560.00	
3	040202002001	石灰土	20cm 石灰土基层（10%），拖拉机拌合（带犁耙）	m²	12000	22.02	264240.00	
4	040203006001	沥青混凝土	2cm细粒式沥青混凝土（机械摊铺）	m²	12000	14.23	170760.00	
5	040202004001	石灰、炉渣基层	20cm石灰、炉渣基层（3∶7）（人机拌合）	m²	4800	35.48	170304.00	
6	040203007001	水泥混凝土	18cm水泥混凝土	m²	4800	60.05	288240.00	
7	040202011001	碎石	15cm厚碎石底层（人机配合）	m²	4800	14.65	70320.00	

续表

序号	项目编码	项目名称	项目特征描述	计量单位	工程量	金额(元)		
						综合单价	合价	其中:暂估价
8	040202005	石灰、土、碎石	人行道 12cm 石灰、土、碎石基层(8∶72∶20),机拌	m^2	4800	8.45	40560.00	
9	040202016	沥青稳定碎石	人行道 5cm 沥青稳定碎石,喷洒机喷油、人工摊铺撒料	m^2	4800	15.84	76032.00	
10	040204002001	人行道块料铺设	人行道板宽 3m(水泥砂浆)	m^2	4800	65.92	316416.00	
11	040802001001	电杆组立	一般路灯,单臂悬挑灯架安装,抱杆式、双抱箍,臂长 2.5m	根	42	217.56	9137.52	
12	040204007001	树池砌筑	树池砌筑	个	322	6.89	2218.58	
13	040204003001	安砌侧(平、缘)石	C30 混凝土缘石安砌,砂垫层	m	1600	18.69	29904.00	
14	040205014001	隔离护栏	隔离护栏安装	m	800	38.23	30584.00	
15	040201022001	排水沟、截水沟	排水边沟,四类土	m	1600	44.78	71648.00	
16	040201022002	排水沟、截水沟	截水沟	m	230	10.733	2468.59	
17	040201023001	盲沟	碎石盲沟	m	200	21.51	4302.00	
18	040201016001	石灰砂桩	桩径 40cm,高 3.5m	m	367.5	262.55	96487.13	
19	040205001001	接线工作井	接线工作井 JXG-76	座	17	161.07	2738.19	
20	040205002001	电缆保护管	电缆保护管(石棉水泥管)铺设(直径 75mm)	m	800	18.16	14528.00	
21	040205016001	管内配线	管内穿线(导线截面 $7.8mm^2$)	m	5636	6.03	33985.08	
22	040205008001	横道线	人行横道线,冷漆	m^2	16.72	8.71	145.63	
23	040205006001	标线	标线,2m×4m,热熔漆	m	1600	6.03	9648.00	
24	040205004001	标志板	标志板,$1m^2$ 以内	块	4	151.75	607.00	
合计							1982374.11	

案例 6　某污水处理厂污水提升泵基础

第一部分　工程概况

某污水处理厂新建污水提升泵房，装配 XBD 泵两台，一台工作，一台备用，采用方形基础，设计尺寸如图 6-1、图 6-2 所示，试计算其工程量。

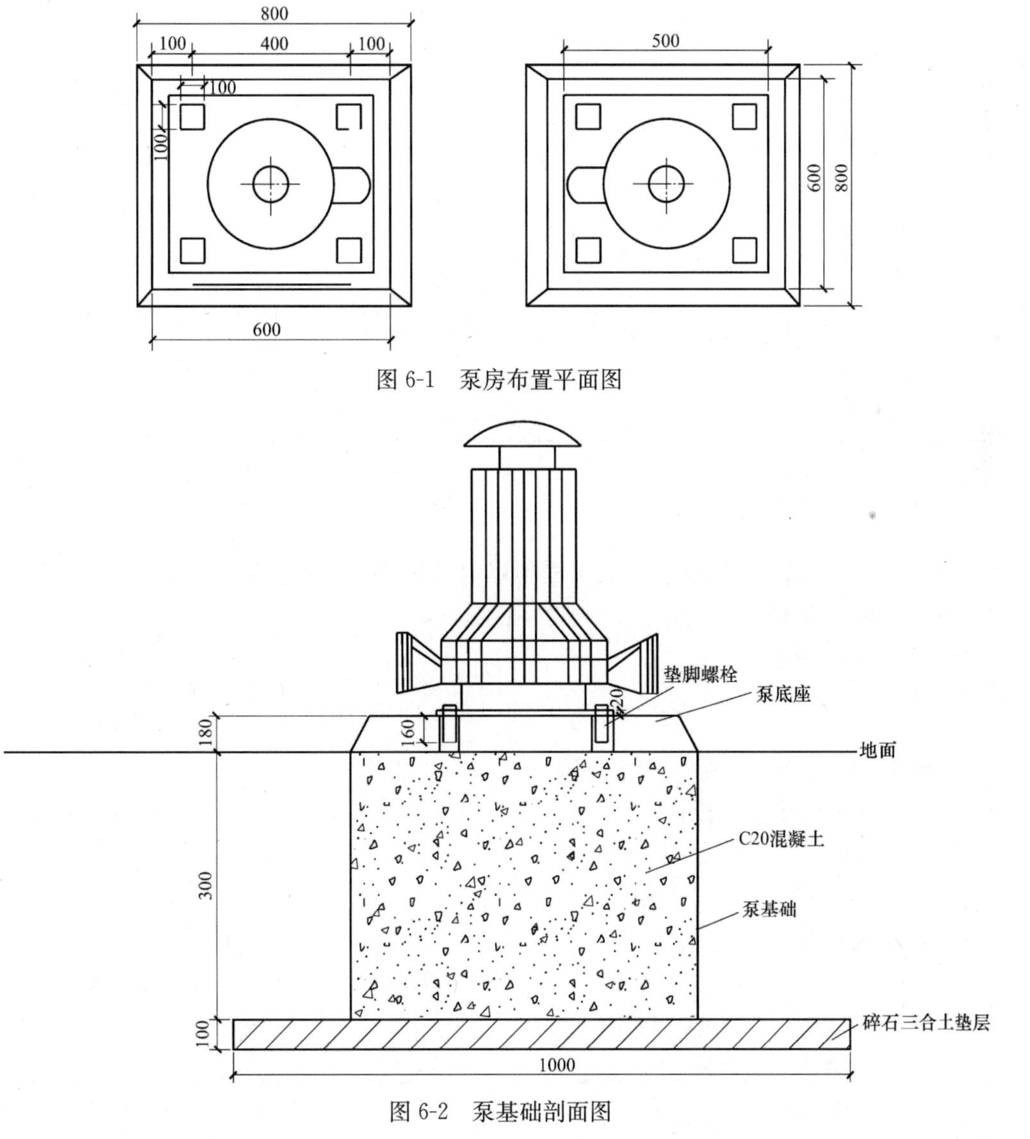

图 6-1　泵房布置平面图

图 6-2　泵基础剖面图

第二部分　工程量计算及清单表格编制

一、清单工程量

清单工程量计算，根据《市政工程工程量计算规范》（GB 50857—2013），应按设计图示尺寸以体积计算。

基础浇筑工程量：

$$V_1=0.8\times0.8\times0.3=0.192m^3\approx0.19m^3$$

【注释】 0.8——基础底面边长；

0.3——基础高。

$$V_2=1/6\times0.18\times[0.8\times0.8+0.6\times0.6+(0.8+0.6)\times(0.8+0.6)]=0.0888m^3\approx0.09m^3$$

【注释】 0.8——梯形台下底面边长；

0.6——梯形台上底面边长；

0.18——梯形台高。

综上，浇筑工程量 $V_3=2\times(V_1+V_2)=2\times(0.19+0.09)=0.56m^3$

清单工程量计算表见表 6-1。

清单工程量计算表　　**表 6-1**

序号	项目编号	项目名称	项目特征描述	计量单位	工程量
1	040303002001	混凝土基础	设备基础，C20 混凝土浇筑，100mm 厚碎石三合土垫层	m^3	0.56

二、定额工程量

定额工程量根据《全国统一市政工程预算定额》（GYD-301-1999）计算。

（一）垫层工程量

该基础采用砂垫层。

$$V_1=2\times1.0\times1.0\times0.1=0.2m^3$$

【注释】 2——基础座数（以下相同）；

1.0——垫层边长；

0.1——垫层高。

套用定额 4-402

（二）浇筑工程量

$$V_2=0.8\times0.8\times0.3=0.192m^3\approx0.19m^3$$

【注释】 0.8——基础底面边长；

0.3——基础高。

$$V_3=1/6\times0.18\times[0.8\times0.8+0.6\times0.6+(0.8+0.6)\times(0.8+0.6)]=0.0888m^3\approx0.09m^3$$

【注释】 0.8——梯形台下底面边长；

0.6——梯形台上底面边长；

0.18——梯形台高。

综上，浇筑工程量 $V_4=2\times(V_2+V_3)=2\times(0.19+0.09)=0.56m^3$

套用定额 6-946

（三）地脚螺栓灌浆（水泥砂浆灌浆）

$$V_5=(0.1\times0.1\times0.18-1/4\times\pi\times0.01^2\times0.16)\times4\times2=0.014m^3\approx0.01m^3$$

【注释】 0.1——预留方孔边长；

0.18——预留方孔深度；

0.01——垫脚螺栓直径；

0.16——垫脚螺栓埋入深度；

4——预留方孔个数。

套用定额 6-1241

（四）设备底座与基础间灌浆（水泥砂浆灌浆，不扣除垫脚螺栓的体积）

$$V_6=2\times0.5\times0.5\times0.02=0.01m^3$$

【注释】 0.5——灌浆层边长；

0.02——灌浆层厚。

套用定额 6-1246

相关附表见表 6-2～表 6-4。

某污水处理厂泵基础施工图预算表　　**表 6-2**

序号	定额编号	分项工程名称	计量单位	工程量	基价（元）	其中（元）			合价（元）
						人工费	材料费	机械费	
1	4-402	砂垫层	$10m^3$	0.020	986.92	165.60	576.05	245.27	19.74
2	6-946	独立设备基础	$10m^3$	0.056	450.88	396.44	20.68	33.76	25.25
3	6-1241	地脚螺栓孔灌浆	m^3	0.01	482.2	235.94	246.26	—	4.82
4	6-1246	设备底座与基础间灌浆	m^3	0.01	710.72	322.67	388.05	—	7.11
合 计									56.92

分部分项工程和单价措施项目清单与计价表　　**表 6-3**

工程名称：污水提升泵基础　标段：　　第　页　共　页

序号	项目编码	项目名称	项目特征描述	计量单位	工程量	金额（元）		
						综合单价	合价	其中：暂估价
1	040303002001	设备基础	C20 混凝土浇筑，100mm 厚碎石三合土垫层	m^3	0.56	144.32	80.82	
合计							80.82	

综合单价分析表 **表 6-4**

工程名称：污水提升泵基础 标段： 第 页 共 页

项目编码	040303002001	项目名称	设备基础	计量单位	m^3	工程量	0.56

清单综合单价明细

定额编号	定额项目名称	定额单位	数量	单价					合价				
				人工费	材料费	机械费	管理费	利润	人工费	材料费	机械费	管理费	利润
4-402	砂垫层	$10m^3$	0.020	165.60	576.05	245.27	335.55	78.95	3.312	11.521	4.905	6.711	1.579
6-946	独立设备基础	$10m^3$	0.056	396.44	20.68	33.76	153.30	36.07	22.201	1.158	1.891	8.585	2.020
6-1241	地脚螺栓孔灌浆	m^3	0.010	235.94	246.26	—	163.95	38.58	2.359	2.463	—	1.640	0.386
6-1246	设备底座与基础间灌浆	m^3	0.010	322.67	388.05	—	241.64	56.86	3.227	3.881	—	2.416	0.569
人工单价		小计							31.099	19.023	6.796	19.352	4.554
37 元/工日		未计价材料费											
清单项目综合单价									144.32				

	主要材料名称、规格、型号	单位	数量	单价（元）	合价（元）	暂估单价（元）	暂估合价（元）
材料费明细	中粗砂	m^3	0.26	44.23	11.50		
	C20 混凝土	m^3	0.57				
	草袋	个	0.64	2.32	1.48		
	水泥，42.5 级	kg	8.76	0.332	2.91		
	碎石，10mm	m^3	0.02	43.96	0.88		
	其他材料费						
	材料费小计				16.77		

注：管理费和利润分别按人工费、材料费、机械费总和的 34%和 8%计算。

案例 7　混凝土检查井

第一部分　工程概况

某新建排水管道需设一检查井，井深 1.68m，混凝土浇筑，具体设计尺寸见图 7-1～图 7-4。试计算其工程量。

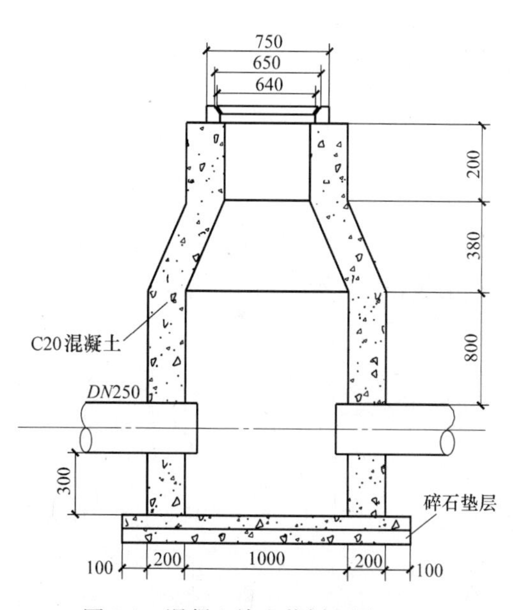

图 7-1　混凝土检查井剖面图（一）

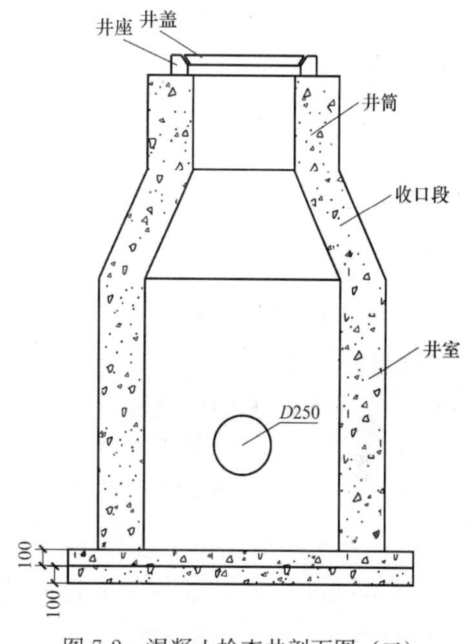

图 7-2　混凝土检查井剖面图（二）

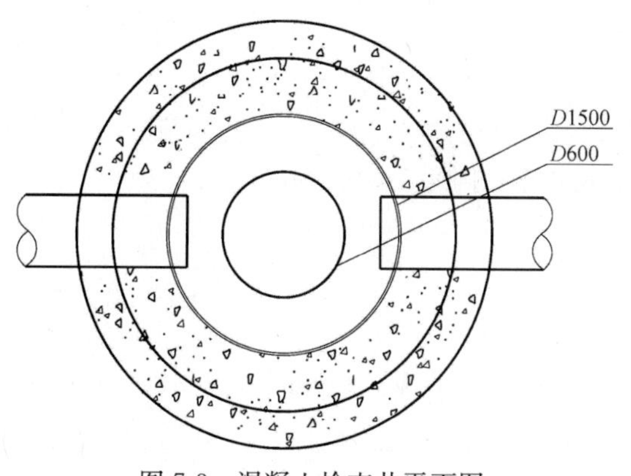

图 7-3　混凝土检查井平面图

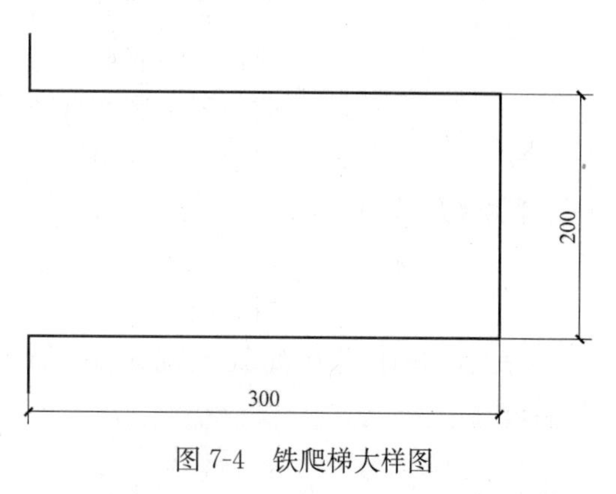

图 7-4　铁爬梯大样图

第二部分　工程量计算及清单表格编制

一、清单工程量

清单工程量根据《市政工程工程量计算规范》（GB 50857—2013），应按图示数量计算。

（一）垫层工程量（砂石垫层）

$$S_1=1/4\times\pi\times1.6^2=2.009m^2\approx2.01m^2$$

$$V_1=S_1\times H_1=2.01\times0.1=0.201m^3\approx0.20m^3$$

【注释】 1.6——砂石垫层直径；

0.1——垫层高。

C15 混凝土井基：

$$S_2=1/4\times\pi\times1.6^2=2.009m^2\approx2.01m^2$$

$$V_2=S_2\times H_2=2.01\times0.1=0.201m^3\approx0.20m^3$$

【注释】 1.6——井基直径；

0.1——井基高。

（二）浇筑工程量

$$V_3=1/4\times\pi\times(1.4^2-1.0^2)\times(0.3+0.8)=0.829m^3\approx0.83m^3$$

【注释】 1.4——井室外壁直径；

1.0——井室直径；

0.3——水管下缘井室高；

0.8——水管上缘井室高。

$$V_4=1/3\times\pi\times0.38\times0.25\times[(1.4^2+1.0^2+1.4\times1.0)-(1.0^2+0.6^2+1.0\times0.6)]$$
$$=0.25\times0.955\approx0.25\times0.96=0.24m^3$$

【注释】 0.38——收口段高；

1.4——收口段外壁下底面直径；

1.0——收口段外壁上底面直径；

1.0——收口段下底面直径；

0.6——收口段上底面直径。

$$V_5=1/4\times\pi\times(1.0^2-0.6^2)\times0.2=0.100m^3\approx0.10m^3$$

【注释】 1.0——井筒外壁直径；

0.6——井筒直径；

0.2——井筒高。

综上，共计 C20 混凝土浇筑工程量 $V_6=V_3+V_4+V_5=0.83+0.24+0.10=1.17m^3$

（三）爬梯制作安装工程量

$$L=(0.3\times2+0.2)\times10=8m$$

【注释】 0.3——爬梯长；

0.2——爬梯宽；

10——爬梯道数。

（四）井盖制作安装工程量

$$V=1/4\times\pi\times0.64^2\times0.03=0.0096m^3\approx0.01m^3$$

考虑到损耗，则

$$V=0.01\times1.015=0.01m^3$$

清单工程量计算表见表7-1。

清单工程量计算表 表7-1

项目编码	项目名称	项目特征描述	计量单位	工程量
040504002001	混凝土井	检查井，井深1.68m，井径1.00m，C20混凝土浇筑，砂石垫层100mm	座	1

二、定额工程量

定额工程量根据《全国统一市政工程预算定额》（GYD-301-1999）计算。

1）该检查井井径1m，井深1.68m，以座为单位。

2）碎石垫层与清单工程量计算一致，单位为10m³，应为0.02（10m³），执行定额6-563。

井基与清单工程量计算一致，单位为10m³，应为0.02（10m³），执行定额6-565。

3）混凝土浇筑与清单工程量计算一致，单位为10m³，应为0.117（10m³）≈0.12（10m³），执行定额6-901。

4）铁爬梯制作安装，采用ϕ20钢筋

定额工程量：$8\times2.47\times1/1000=0.01976t\approx0.020t$

执行定额6-1332。

【注释】 8——爬梯的制作安装工程量；

2.47——ϕ20钢筋单位长度重量。

5）井盖井座以10套为单位，应为0.1套，套用定额6-588。

相关附表见表7-2～表7-4。

某排水管道混凝土检查井施工图预算表 表7-2

序号	定额编号	分项工程名称	计量单位	工程量	基价（元）	其中（元）		
						人工费	材料费	机械费
1	6-563	碎石垫层	10m³	0.02	15.91	3.72	11.89	0.30
2	6-565	混凝土垫层	10m³	0.02	13.48	10.20	0.12	3.17
3	6-901	现浇钢筋混凝土池壁（隔墙）	10m³	0.19	129.14	117.28	1.37	10.49
4	6-1332	现浇构件钢筋	t	0.020	69.99	3.48	65.15	1.37
5	6-588	铸铁井盖、座	10套	0.10	212.06	12.44	199.63	—

分部分项工程和单价措施项目清单与计价表 **表 7-3**

工程名称：某排水管道混凝土检查井 标段： 第 页 共 页

序号	项目编码	项目名称	项目特征描述	计量单位	工程量	金额(元)		
						综合单价	合价	其中：暂估价
	040504002001	混凝土井	井深 1.68m，井径 1.00m，C20 混凝土浇筑，砂石垫层 100mm	座	1	558.05	558.05	
合计								

综合单价分析表 **表 7-4**

工程名称：某排水管道混凝土检查井 标段： 第 页 共 页

项目编码	040504002001	项目名称	混凝土检查井	计量单位	座	工程量	1

清单综合单价明细

定额编号	定额项目名称	定额单位	数量	单价					合价				
				人工费	材料费	机械费	管理费	利润	人工费	材料费	机械费	管理费	利润
6-563	碎石垫层	$10m^3$	0.02	185.85	594.57	14.87	270.40	63.62	3.72	11.89	0.30	5.41	1.27
6-565	混凝土垫层	$10m^3$	0.02	506.97	5.85	158.31	229.20	53.93	10.14	0.12	3.17	4.58	1.08
6-901	现浇钢筋混凝土池壁(隔墙)	$10m^3$	0.12	617.25	7.22	55.23	231.10	54.38	74.07	0.87	6.63	27.73	6.53
6-1332	现浇构件钢筋	t	0.02	173.78	3257.33	68.41	1189.84	279.96	3.48	65.15	1.37	23.80	5.60
6-588	铸铁井盖、座	10 套	0.1	124.39	1996.25	—	721.02	169.65	12.44	199.63	—	72.10	16.97
人工单价		小计							103.85	277.66	11.47	133.62	31.45
37 元/工日		未计价材料费											
清单项目综合单价									558.05				

	主要材料名称、规格、型号	单位	数量	单价(元)	合价(元)	暂估单价(元)	暂估合价(元)
材料费明细	碎石，40mm	m^3	0.17	43.96	7.47		
	C15 混凝土	m^3	0.204	—			
	C20 混凝土	m^3	1.94	—			
	ϕ20 钢筋	t	0.02	3068.00	61.36		
	铸铁井盖、座	10 套	1	192.50	192.50		
	其他材料费				51.93	51.93	
	材料费小计					313.26	

注：管理费和利润分别按人工费、材料费、机械费总和的 34%和 8%计算。

案例 8　某环形交叉口及路段设计

第一部分　工程概况

城市某两条主干道的交叉口处，为保证车辆的行驶性能和保障行人的安全，设置了环岛、人行横道线、环岛导流线和车辆导流线以规范、疏导车流，引导行人安全过街。另外，有车道分界线。内环岛半径为 20m，外环路半径为 33m。南北向的主干道共长 3200m，东西向的主干道共长 2689m，人行横道线每条宽 30cm，长 3.2m，概况如图 8-1 所示，试计算该环形交叉口的工程量。

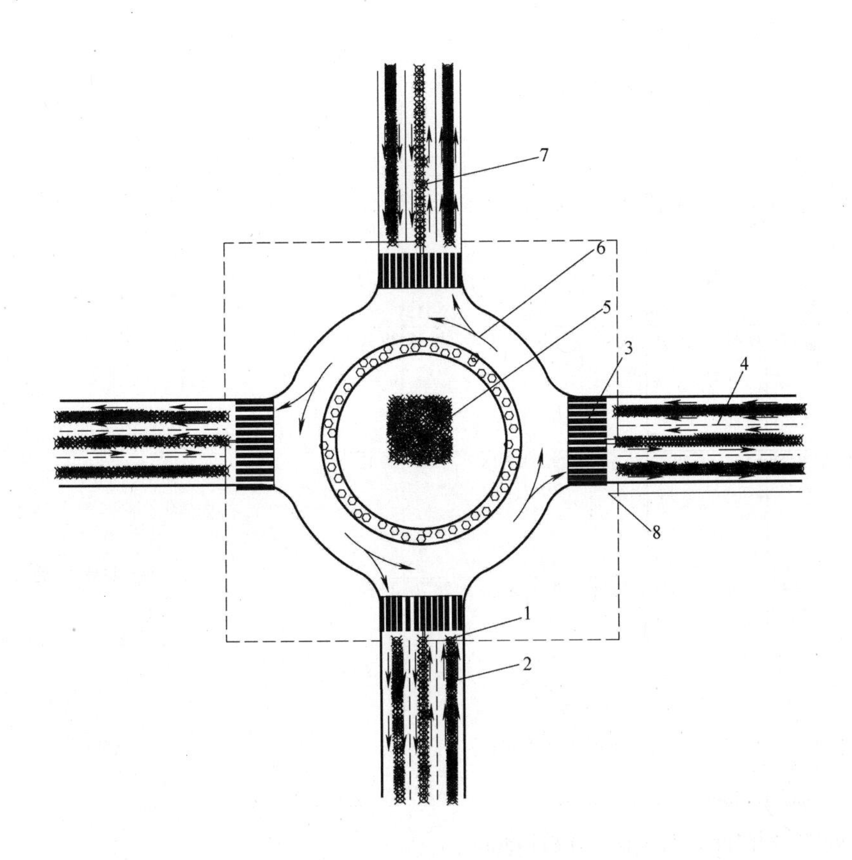

图 8-1　环形交叉口平面示意图

1—停止线；2—导向箭头；3—人行横道线；4—车道分界线；5—环形岛；6—环岛导向箭头；7—中央分隔带（绿化带）；8—人行道

第二部分　工程量计算及清单表格编制

一、土石方工程

（一）清单工程量

1. 挖土方

（1）挖一般土方

项目编码：040101001001　　项目名称：挖一般土方

不仅该环形交叉口所占面积范围要进行挖一般土方，而且为了与周边环境相衔接，在该环岛周围（如图 8-1 环形交叉口概况所示的正方形虚线框内的范围）也要同时进行挖填土方。场地地形方格图如图 8-2 所示，方格网边长为 20m，试计算土方量（四类土，填方密实度 96%）。

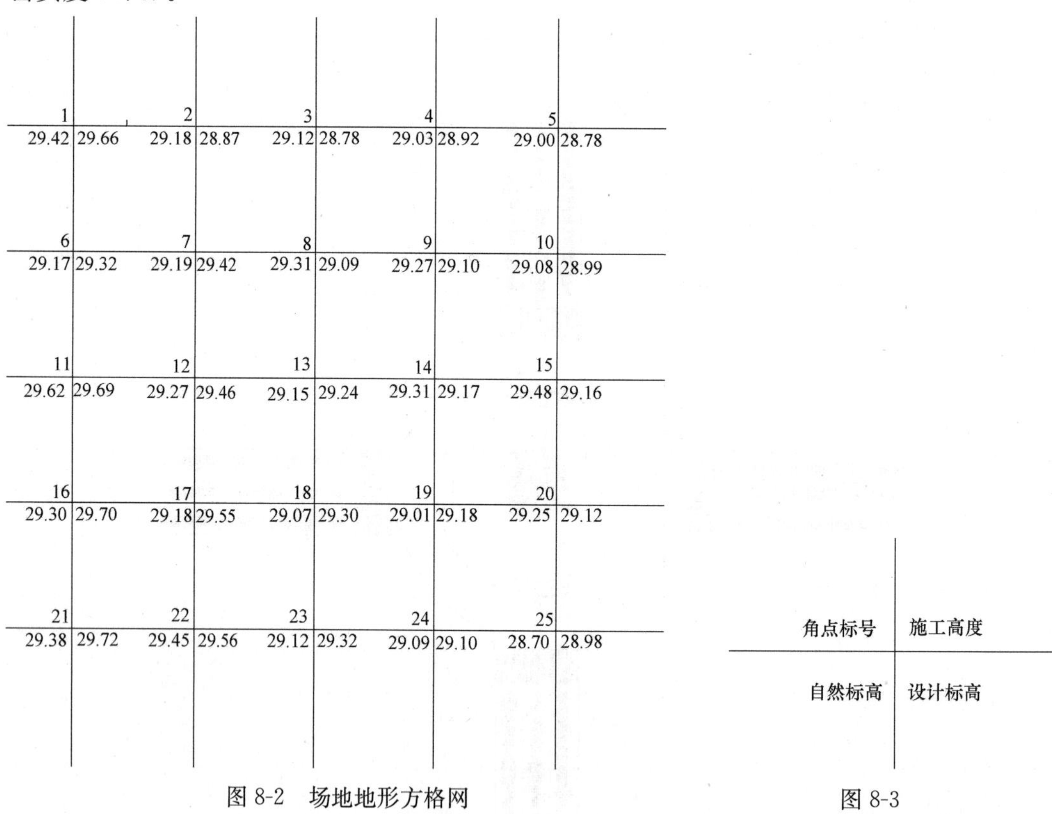

图 8-2　场地地形方格网　　　　图 8-3

1）计算施工高程

施工高程＝地面实测标高－设计标高

计算说明：图中的自然标高即为地面实测标高（图 8-3）。

$h_1 = 29.42 - 29.66 = -0.24\text{m}$

$h_2 = 29.18 - 28.87 = +0.31\text{m}$

$h_3=29.12-28.78=+0.34\text{m}$

$h_4=29.03-28.92=+0.11\text{m}$

$h_5=29.00-28.78=+0.22\text{m}$

$h_6=29.17-29.32=-0.15\text{m}$

$h_7=29.19-29.42=-0.23\text{m}$

$h_8=29.39-29.09=+0.22\text{m}$

$h_9=29.27-29.10=+0.17\text{m}$

$h_{10}=29.08-28.99=+0.09\text{m}$

$h_{11}=29.62-29.69=-0.07\text{m}$

$h_{12}=29.27-29.46=-0.19\text{m}$

其他各个角点的施工高程计算从略，如图 8-4 所示。

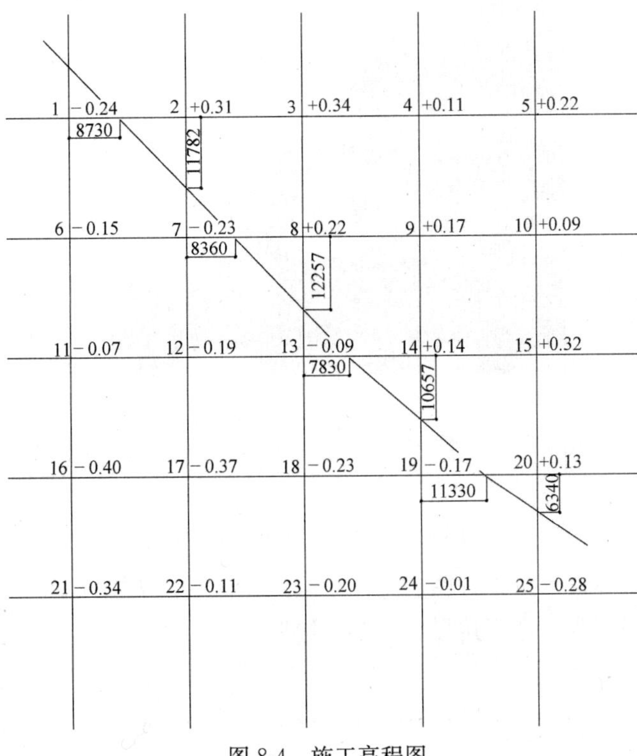

图 8-4　施工高程图

【注释】　h_1、h_2、$h_3 \cdots h_{10}$、h_{11}、$h_{12} \cdots h_{25}$——角点 1 至角点 25 的施工高程。

2）确定“零线”（图 8-5）

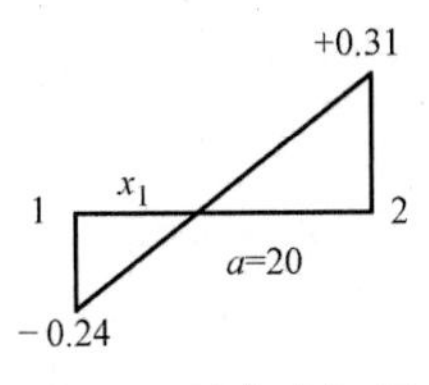

图 8-5　零点求解图

1—2 线　$x_1=[h_1/(h_1+h_2)]\times 20=[0.24/(0.24+0.314)]\times 20=8.73\text{m}$

7—8 线　$x_7=[h_7/(h_7+h_8)]\times20=[0.23/(0.23+0.22)]\times20=8.36\text{m}$

13—14 线　$x_{13}=[h_{13}/(h_3+h_{14})]\times20=[0.09/(0.09+0.14)]\times20=7.83\text{m}$

19—20 线　$x_{19}=[h_{19}/(h_{19}+h_{20})]\times20=[0.17/(0.17+0.13)]\times20=11.33\text{m}$

20—25 线　$x_{20}=[h_{20}/(h_{20}+h_{25})]\times20=[0.13/(0.13+0.28)]\times20=6.34\text{m}$

【注释】 20——一个方格网的边长。

求出零点，连接各个零点后即为零线，如图 8-6 所示，即为零线及挖填方区域图。

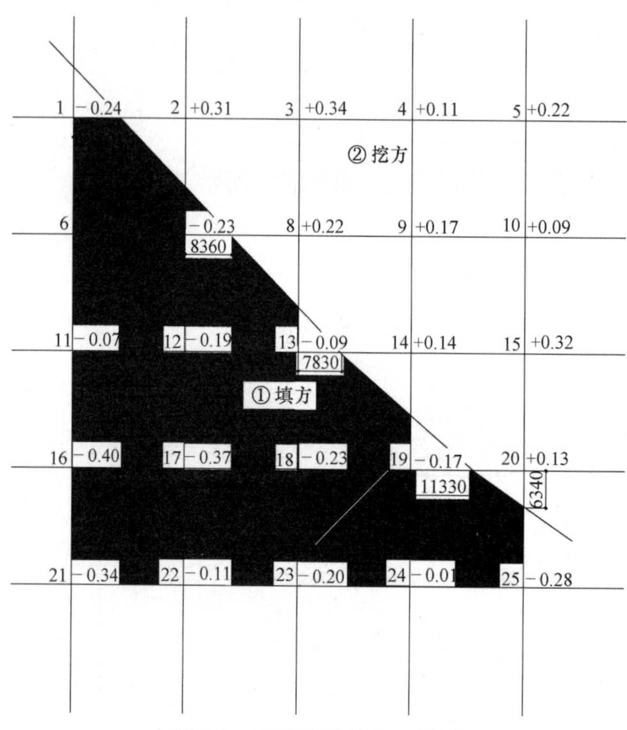

图 8-6　零线及挖填方区域图

3）计算土方工程量（按设计图示开挖线以体积计算，单位：m³）

方格网 1267 底面为一个三角形、一个五边形。

三角形 020：

$$V_{020挖}=\frac{1}{2}\times(20-8.73)\times11.78\times(0+0+0.31)/3=6.86\text{m}^3$$

五边形 10076：

$$V_{10076填}=[8.73\times20+\frac{1}{2}\times(20-11.73+20)\times(20-8.73)]\times(0.24+0+0+0.23+0.15)/5=41.40\text{m}^3$$

【注释】

20——一个方格网的边长；

8.73——1—2 线上的零点到角点 1 的距离；

11.78——2—7 线上的零点到角点 2 的距离；

0——三角形 020 和五边形 10076 中零点的高程；

3——三角形 020 的顶点数；

5——五边形 10076 的顶点数；
0.31——角点 2 的施工高程的绝对值；
0.24——角点 1 的施工高程的绝对值；
0.23——角点 7 的施工高程的绝对值；
0.15——角点 6 的施工高程的绝对值；

$\frac{1}{2}\times(20-8.73)\times11.78$——三角形 020 的面积；

$[8.73\times20+\frac{1}{2}\times(20-11.73+20)\times(20-8.73)]$——五边形 10076 的面积。

图 8-2 中的尺寸为实际尺寸。

方格网 2378，底面一个是三角形，一个是五边形。

三角形 070：

$$V_{070填}=\frac{1}{2}\times8.36\times(20-11.78)\times(0.23+0+0)/3=2.63m^3$$

五边形 23800：

$$V_{23800挖}=[(20-8.36)\times20+\frac{1}{2}\times(11.78+20)\times8.36]\times(0.31+0.34+0.22+0+0)/5=63.62m^3$$

【注释】 8.36——7—8 线上的零点到角点 7 的距离；
(20−11.78)——2—7 线上的零点到角点 7 的距离；
0.23——角点 7 的施工高程的绝对值；
0——三角形 070 和五边形 23800 中零点的高程；
3——三角形 070 的顶点数；
5——五边形 23800 的顶点数；
0.31——角点 2 的施工高程的绝对值；
0.34——角点 3 的施工高程的绝对值；
0.22——角点 8 的施工高程的绝对值。

方格网 3498 是一个正方形。

正方形 3498：

$$V_{3498挖}=20\times20\times(0.34+0.11+0.17+0.22)/4=84.00m^3$$

【注释】 20×20——方格网 3498 的面积；
0.34——角点 3 的施工高程的绝对值；
0.11——角点 4 的施工高程的绝对值；
0.17——角点 9 的施工高程的绝对值；
0.22——角点 8 的施工高程的绝对值；
4——正方形 3498 的顶点数。

方格网 45109 是一个正方形。

正方形 45109：

$$V_{45109挖}=20\times20\times(0.11+0.22+0.09+0.17)/4=59.00m^3$$

【注释】 20×20——方格网 45109 的面积；
0.09——角点 10 的施工高程的绝对值；

0.11——角点 4 的施工高程的绝对值；

0.17——角点 9 的施工高程的绝对值；

0.22——角点 5 的施工高程的绝对值；

4——正方形 45109 的顶点数。

方格网 671211 是一个正方形。

正方形 671211：

$$V_{671211挖}=20\times20\times(0.15+0.23+0.19+0.07)/4=64.00\text{m}^3$$

【注释】 20×20——方格网 671211 的面积；

0.15——角点 6 的施工高程的绝对值；

0.23——角点 7 的施工高程的绝对值；

0.19——角点 12 的施工高程的绝对值；

0.07——角点 11 的施工高程的绝对值；

4——正方形 671211 的顶点数。

方格网 781312 底面有一个五边形、一个三角形。

五边形 7001312：

$$V_{7001312填}=[8.36\times20+\frac{1}{2}\times(20-12.26+20)\times(20-8.36)]\times(0.23+0+0+0.09+0.19)/5=33.52\text{m}^3$$

三角形 080：

$$V_{080挖}=\frac{1}{2}\times(20-8.36)\times12.56\times(0.22+0+0)/3=5.36\text{m}^3$$

【注释】 8.36——7—8 线上的零点到角点 7 的距离；

12.26——8—13 线上的零点到角点 8 的距离；

0.23——角点 7 的施工高程的绝对值；

0——三角形 080 和五边形 7001312 中零点的高程；

3——三角形 080 的顶点数；

5——五边形 7001312 的顶点数；

0.09——角点 13 的施工高程的绝对值；

0.19——角点 12 的施工高程的绝对值；

0.22——角点 8 的施工高程的绝对值。

方格网 891314 底面有一个三角形、一个五边形。

三角形 0130：

$$V_{0130填}=\frac{1}{2}\times(20-12.26)\times7.83\times(0.09+0+0)/3=0.91\text{m}^3$$

五边形 891400：

$$V_{891400挖}=\left[\frac{1}{2}\times(12.26+20)\times7.83+(20-7.83)\times20\right]\times(0.22+0.17+0.14+0+0)/5=39.19\text{m}^3$$

【注释】 12.26——8—13 线上的零点到角点 8 的距离；

7.83——13—14 线上的零点到角点 13 的距离；

0——三角形 0130 和五边形 891400 中零点的高程；

0.09——角点 13 的施工高程的绝对值；
0.17——角点 9 的施工高程的绝对值；
0.22——角点 8 的施工高程的绝对值；
0.14——角点 14 的施工高程的绝对值。

方格网 9101514 底面为一个正方形。

正方形 9101514：

$$V_{9101514挖}=20\times20\times(0.17+0.09+0.32+0.14)/4=72.00\text{m}^3$$

【注释】 0.17——角点 9 的施工高程的绝对值；
0.09——角点 10 的施工高程的绝对值；
0.32——角点 15 的施工高程的绝对值；
0.14——角点 14 的施工高程的绝对值。

方格网 11121716 底面为一个正方形。

正方形 11121716：

$$V_{11121716}=20\times20\times(0.07+0.19+0.37+0.40)/4=103.00\text{m}^3$$

【注释】 0.07——角点 9 的施工高程的绝对值；
0.19——角点 10 的施工高程的绝对值；
0.37——角点 15 的施工高程的绝对值；
0.40——角点 14 的施工高程的绝对值。

方格网 12131817 底面为一个正方形。

正方形 12131817：

$$V_{12131817填}=20\times20\times(0.19+0.09+0.23+0.37)/4=88.00\text{m}^3$$

【注释】 0.19——角点 12 的施工高程的绝对值；
0.09——角点 13 的施工高程的绝对值；
0.23——角点 18 的施工高程的绝对值；
0.37——角点 17 的施工高程的绝对值。

方格网 13141918 底面有一个三角形、一个五边形。

三角形 0140：

$$V_{0140挖}=\frac{1}{2}\times10.66\times(20-7.83)\times(0+0+0.14)/3=6.75\text{m}^3$$

五边形 13001918：

$$V_{13001918填}=\left[7.83\times20+\frac{1}{2}\times(20-10.66+20)\times(20-7.83)\right]\times(0.09+0+0+0.17+0.23)/5=32.84\text{m}^3$$

【注释】 10.66——14—19 线上的零点到角点 14 的距离；
7.83——13—14 线上的零点到角点 13 的距离；
0.14——角点 14 的施工高程的绝对值；
0.09——角点 13 的施工高程的绝对值；
0.17——角点 19 的施工高程的绝对值；
0.23——角点 18 的施工高程的绝对值。

方格网 14152019 底面有一个三角形、一个五边形。

三角形 0019：

$$V_{0019填}=\frac{1}{2}\times 11.33\times(20-10.66)\times(0.17+0+0)/3=17.99\text{m}^3$$

五边形 14152000：

$$V_{14152000挖}=\left[\frac{1}{2}\times(10.66+20)\times 11.33+(20-11.33)\times 20\right]\times(0.14+0.32+0.13+0+0)/5=40.96\text{m}^3$$

【注释】 11.33——19—20 线上的零点到角点 19 的距离；

10.66——14—19 线上的零点到角点 14 的距离；

0.14——角点 14 的施工高程的绝对值；

0.32——角点 15 的施工高程的绝对值；

0.17——角点 19 的施工高程的绝对值；

0.13——角点 20 的施工高程的绝对值。

方格网 16172221 底面是一个正方形。

正方形 16172221：

$$V_{16172221填}=20\times 20\times(0.40+0.37+0.11+0.34)/4=122.00\text{m}^3$$

【注释】 0.40——角点 16 的施工高程的绝对值；

0.37——角点 17 的施工高程的绝对值；

0.11——角点 22 的施工高程的绝对值；

0.34——角点 21 的施工高程的绝对值。

方格网 17182322 底面是一个正方形。

正方形 17182322：

$$V_{17182322填}=20\times 20\times(0.37+0.23+0.20+0.11)/4=91.00\text{m}^3$$

【注释】 0.37——角点 17 的施工高程的绝对值；

0.23——角点 18 的施工高程的绝对值；

0.20——角点 23 的施工高程的绝对值；

0.11——角点 22 的施工高程的绝对值。

方格网 18192423 的底面是一个正方形。

正方形 18192423：

$$V_{18192423填}=20\times 20\times(0.23+0.17+0.01+0.20)/4=61.00\text{m}^3$$

【注释】 0.23——角点 18 的施工高程的绝对值；

0.17——角点 19 的施工高程的绝对值；

0.01——角点 24 的施工高程的绝对值；

0.20——角点 23 的施工高程的绝对值。

方格网 19202524 的底面一个是五边形，一个是三角形。

五边形 19002524：

$$V_{19002524填}=\left[\frac{1}{2}\times(20-6.34+20)\times(20-11.33)+11.33\times 20\right]\times(0.17+0+0+0.28+0.01)/5=34.27\text{m}^3$$

三角形0200：

$$V_{0200挖}=\frac{1}{2}\times 6.34\times(20-11.33)\times(0+0+0.13)/3=1.19\text{m}^3$$

【注释】 11.33——19—20线上的零点到角点19的距离；
6.34——20—25线上的零点到角点20的距离；
0.28——角点25的施工高程的绝对值；
0.01——角点24的施工高程的绝对值；
0.17——角点19的施工高程的绝对值；
0.13——角点20的施工高程的绝对值。

4）一般土方全部的挖土方量和全部的填土方量

全部挖土方量为：

$$\sum V_{挖}=6.86+63.62+84+59+64+5.36+39.19+72+6.75+40.96+1.19=442.93\text{m}^3$$

全部填土方量为：

$$\sum V_{填}=41.40+2.63+33.52+0.91+103+88+32.84+17.99+122+91+61+34.27=628.56\text{m}^3$$

（2）挖沟槽土方

项目编码：040101002001　项目名称：挖沟槽土方

修筑此圆形交叉口的下水道时，需要埋设一排水管道，管道为塑料排水管，管外径$R=360$mm，管道长度为图8-2中场地地形方格网所圈占面积范围内的管道长度，沟槽路

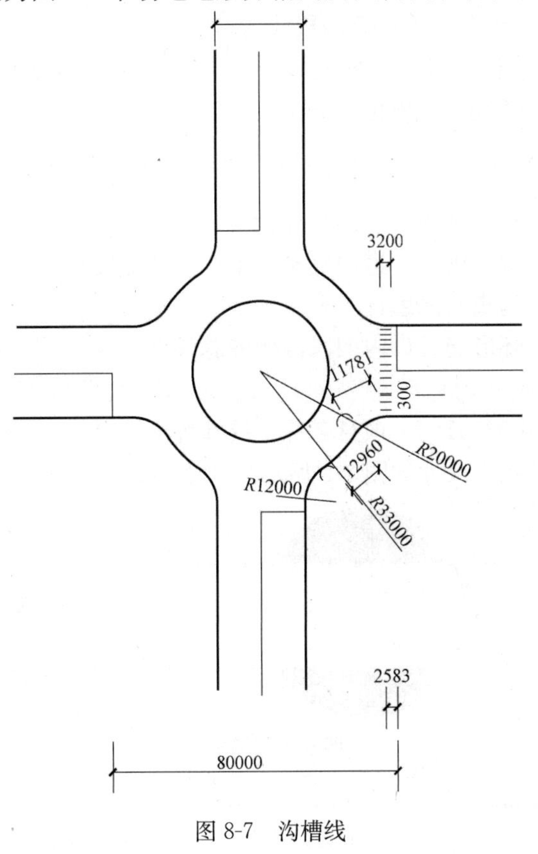

图8-7　沟槽线

线及相应尺寸见图 8-7，沟槽的横断面见图 8-8，在交叉口处有四个圆形检查井，具体尺寸见图 8-9，求环形交叉口修筑排水管道时的挖土方的工程量（四类土）。

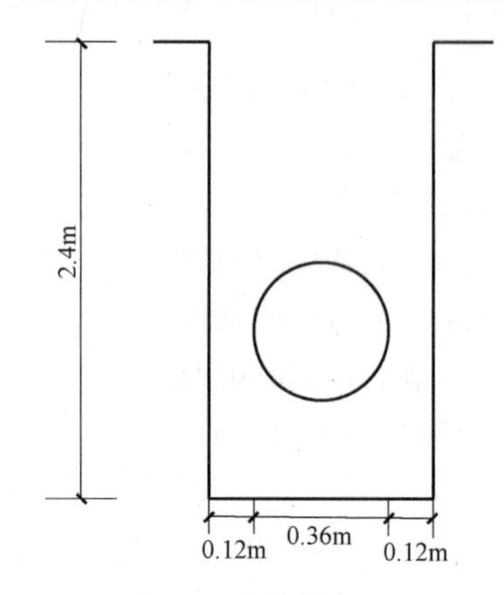

图 8-8　沟槽横断面图

1）环形交叉口处方格网所覆盖的面积范围内沟槽的总长度为：

$$L=(12.96+2\times11.78+2\times2.58)\times4=166.72\text{m}$$

【注释】 12.96——图 8-7 中半径为 $R=33$m 的圆弧的长度；

2×11.78——图 8-7 中半径为 $R=12$m 的圆弧的长度；

2×2.58——图 8-7 中与半径为 $R=12$m 的圆弧相切的方格网内的沟槽长度；

4——环形交叉口有四段线段。

2）沟槽挖土清单工程量（原地面线以下按构筑物最大水平投影面积乘以挖土深度（原地面平均标高至坑底深度），单位：m³）：

$$V_{挖沟槽}=(2R+2b)\times h\times L=(0.36+2\times0.12)\times2.4\times166.72=240.08\text{m}^3$$

【注释】 0.36——塑料排水管道的直径；

2×0.12——塑料排水管道两侧预留工作面的宽度；

2.4——沟槽的深度；

166.72——环形交叉口内四段沟槽的总长度。

（3）挖基坑土方

项目编码：040101003001　　项目名称：挖基坑土方

检查井的俯视图及相应尺寸如图 8-9 所示。

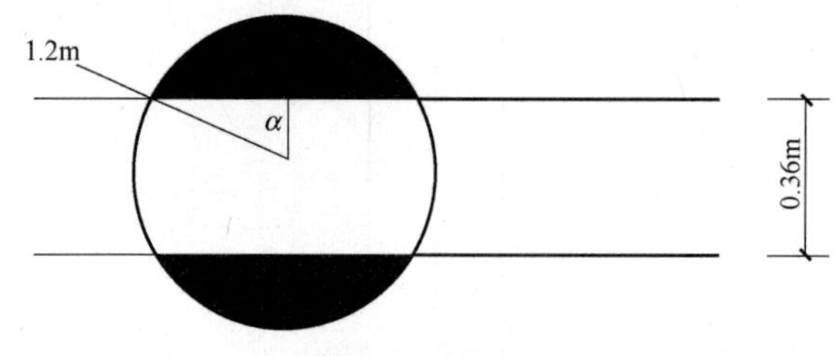

图 8-9　检查井

检查井挖土方工程量：

$$V_{检查井}=\left[\frac{\pi}{180}\times\arccos\frac{0.18}{1.2}\times1.2^2-\frac{1}{2}\times2\times\sqrt{1.2^2-\left(\frac{0.36}{2}\right)^2}\times0.18\right]\times2\times2.4\times4=35.16\text{m}^3$$

【注释】　$\arccos\dfrac{0.18}{1.2}$——图 8-9 检查井中的 α；

1.2——检查井的半径；

$\dfrac{\pi}{180}\times\arccos\dfrac{0.18}{1.2}\times1.2^2\text{m}^2$——图 8-9 中圆心角为 2α 的扇形面积；

0.18——塑料排水管道的半径；

$\sqrt{1.2^2-\left(\dfrac{0.36}{2}\right)^2}$——$\alpha$ 所对应的直角边边长；

$\dfrac{1}{2}\times2\times\sqrt{1.2^2-\left(\dfrac{0.36}{2}\right)^2}\times0.18\text{m}^2$——一个角为 2α 的三角形的面积；

第二个 2——检查井中两处须计算的面积；

2.4——检查井的深度；

4——环形交叉口共有四个检查井。

2. 填方及土石方运输

(1) 填方

项目编码：040103001001　　项目名称：回填方

1) 挖一般土方全部的填方量为：

$$\sum V_{填}=41.40+2.63+33.52+0.91+103+88+32.84+17.99+122+91+61+34.27=628.56\text{m}^3$$

2) 填沟槽的清单工程量（1. 按设计图示尺寸以体积计算；2. 按挖方清单项目工程量减基础、构筑物埋入体积加原地面线至设计标高间的体积计算，单位：m^3）为：

$$V_{填}=V_{挖沟槽}-V_{管}=240.08-\pi\times\left(\frac{0.36}{2}\right)^2\times(L-4\times2.4)\text{m}^3=240.08-\pi\times\left(\frac{0.36}{2}\right)^2\times(166.72-4\times2.4)=224.09\text{m}^3$$

【注释】　240.08——图 8-2 场地地形方格网中划定范围内沟槽的总挖方量；

π——取 3.141593；

0.36——沟槽内构筑物（排水管）的直径；

166.72——环形交叉口处方格网所覆盖的面积范围内沟槽的总长度；

4——环形交叉口处方格网所覆盖的面积范围内检查井的个数；

2.4——检查井的直径。

3) 总的填方量为：

$$V_{总填}=628.56+224.09=852.65\text{m}^3$$

【注释】　628.56——图 8-2 场地地形方格网中划定范围内一般土方所需的填方量；

224.09——图 8-2 场地地形方格网中划定范围内沟槽所需的填方量。

(2) 缺方内运

项目编码：040103001002　　项目名称：缺方内运

1) 挖填一般土方平衡之后，缺方内运的土方量（缺方内运工程量按挖方清单项目工程量减利用回填方体积（负数）计算，单位：m^3）为：

$$V_{缺}=\sum V_{挖}-\sum V_{填}=442.93-628.56=-185.63\text{m}^3$$

【注释】 442.93——一般土方全部的挖土方量；

628.56——一般土方全部的填土方量。

2）挖填沟槽土方平衡之后，余方弃置的土方量为：

$$V_{余}=V_{挖}-V_{填}=275.24-224.0871=51.15\text{m}^3$$

【注释】 275.24——图 8-2 场地地形方格网中划定范围内沟槽及检查井的总挖方量；

224.09——图 8-2 场地地形方格网中划定范围内沟槽的总填方量。

3）挖土方的缺方内运量等于挖一般土方所需的缺方内运量（负数）加挖填沟槽后的余方弃置量（正数），即

$$V_{缺方内运量}=V_{缺}+V_{余}=-185.63+51.15=-134.48\text{m}^3$$

【注释】 －185.63——挖一般土方所需的缺方内运量；

51.15——挖填沟槽后的余方弃置量。

（二）定额工程量（套用《全国统一市政工程预算定额》（GYD-309-1999）和《全国统一市政工程预算定额》（GYD-302-1999））：

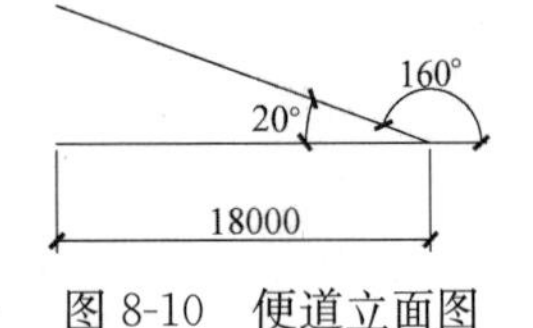

图 8-10　便道立面图

1. 一般挖土方

该环形交叉口场地地形方格网如图 9-2 所示，方格网边长为 20m。为了便于机械运输土方，需要开挖一条坡道。该坡道坡度为 20°，坡脚的点为 26 和角点 11，坡的具体形状及尺寸见图 8-10 和图 8-11。试计算土方量（四类土，填方密实度 96％）。

（1）修建机械上下土坡的便道的土方量，参见图 8-10 和图 8-11

实测角点 27 和角点 28 的设计高程为：

$$18\times\tan20°+26.69=33.24\text{m}$$

【注释】 18——机械运输便道的水平距离；

20°——机械运输便道的坡度；

26.69——角点 11 和角点 26 的设计标高。

计算施工高程

施工高程＝地面实测标高－设计标高

计算说明：图 8-3 中的自然标高即为地面标高。

$h_{11}=29.62-29.69=-0.07\text{m}$

$h_{26}=29.47-26.69=+2.78\text{m}$

$h_{27}=34.86-33.24=+1.62\text{m}$

$h_{28}=34.89-33.24=+1.65\text{m}$

机械运输便道的坡长为：

$$\sqrt{(18\times\tan20°)^2+18^2}=19.155\text{m}$$

确定“零线”，参见图 8-12：

11—26 线　$x_{11}=[h_{11}/(h_{11}+h_{26})]\times6=[0.07/(0.07+2.78)]\times6=0.147\text{m}$

11—28线　$x_{28}=[h_{28}/(h_{28}+h_{11})]\times19.155=[1.65/(1.65+0.07)]\times19.155$

$=18.375\text{m}$

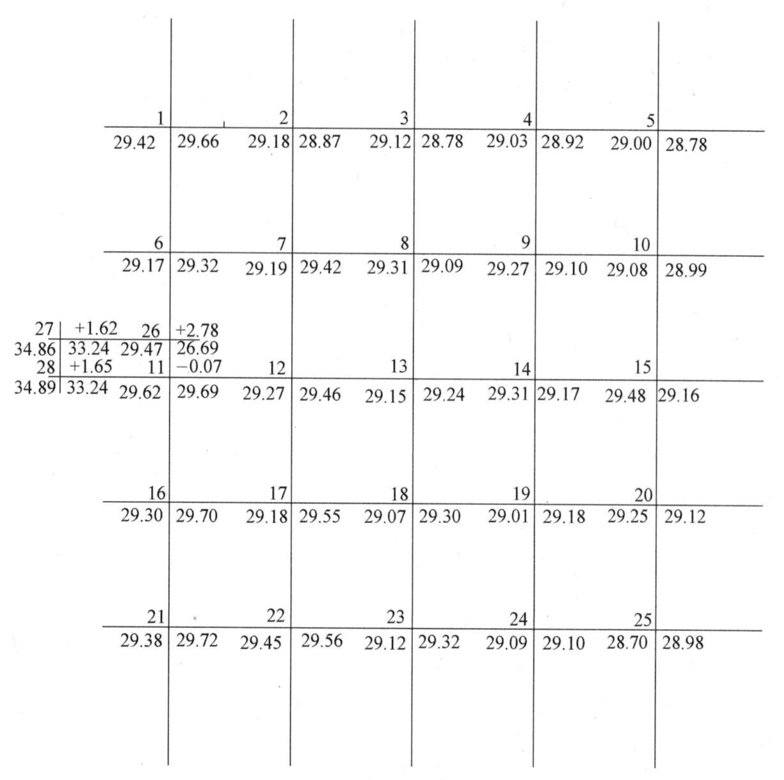

图 8-11　便道俯视图

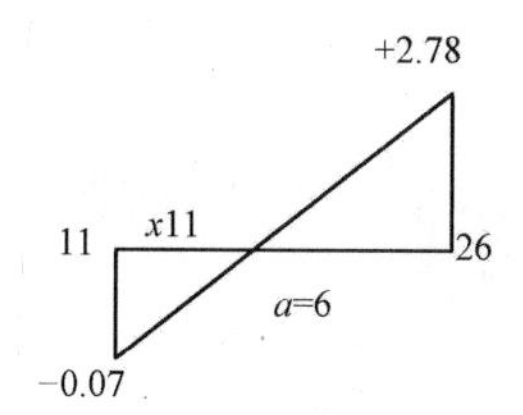

图 8-12　便道零点求解图

矩形网 27261128 底面为一个三角形、一个五边形。

三角形 0110：

$$V_{0110填}=\frac{1}{2}\times(19.155-18.375)\times0.147\times(0+0+0.07)/3=0.00134\approx0.00\text{m}^3$$

五边形 27260028：

$$V_{27260028挖}=\left[18.375\times6+\frac{1}{2}\times(6-0.147+6)\times(19.155-18.375)\right]\times(1.62+2.78+0+0+1.65)/5=138.99597\text{m}^3\approx139.00\text{m}^3$$

【注释】 19.155——机械运输便道的坡长；

6——矩形格子中较短的边长；

0.147——11—26 线上的零点到角点 11 的距离；

18.375——零线在 28—11 线上的点到角点 28 的距离；

0——三角形 0110 和五边形 27260028 中零点的高程；

3——三角形 0110 的顶点数；

5——五边形 27260028 的顶点数；

0.07——角点 11 的施工高程的绝对值；

1.62——角点 27 的施工高程的绝对值；

2.78——角点 26 的施工高程的绝对值；

1.65——角点 28 的施工高程的绝对值。

则便道的挖土方量为：

$$V_{挖}=139.00m^3$$

便道的填土方量为：

$$V_{填}=0.00m^3$$

由于机械运输便道在该工程场地挖、填土结束之后，还要填上修好，填方量为 139.00m³，所以，该机械运输便道总的挖方量为：

$$V_{挖}=139.00m^3$$

总的填方量为：

$$V_{填}=0.00+139.00=139.00m^3$$

（2）环岛所处方格网范围内的挖填土方量

1）计算施工高程

施工高程＝地面实测标高－设计标高

$h_1=29.42-29.66=-0.24m$

$h_2=29.18-28.87=+0.31m$

$h_3=29.12-28.78=+0.34m$

$h_4=29.03-28.92=+0.11m$

$h_5=29.00-28.78=+0.22m$

$h_6=29.17-29.32=-0.15m$

$h_7=29.19-29.42=-0.23m$

$h_8=29.31-29.09=+0.22m$

$h_9=29.27-29.10=+0.17m$

$h_{10}=29.08-28.99=+0.09m$

$h_{11}=29.62-29.69=-0.07m$

$h_{12}=29.27-29.46=-0.19m$

其他各个角点的施工高程计算从略，如图 8-4 所示。

【注释】 h_1、h_2、$h_3 \cdots h_{10}$、h_{11}、$h_{12} \cdots h_{25}$——角点 1 至角点 25 的施工高程。

2）确定“零线”

1—2 线　$x_1=[h_1/(h_1+h_2)]\times 20=[0.24/(0.24+0.314)]\times 20=8.73m$

7—8 线　$x_7=[h_7/(h_7+h_8)]\times 20=[0.23/(0.23+0.22)]\times 20=8.36m$

13—14线　$x_{13}=[h_{13}/(h_3+h_{14})]\times 20=[0.09/(0.09+0.14)]\times 20=7.83m$

19—20线　$x_{19}=[h_{19}/(h_{19}+h_{20})]\times 20=[0.17/(0.17+0.13)]\times 20=11.33m$

20—25线　$x_{20}=[h_{20}/(h_{20}+h_{25})]\times 20=[0.13/(0.13+0.28)]\times 20=6.34m$

【注释】 20——一个方格网的边长。

求出零点，连接各个零点后即为零线，如图 8-2 所示。

3）计算土方工程量

方格网 1267 底面为一个三角形、一个五边形。

三角形 020：

$$V_{020挖}=\frac{1}{2}\times(20-8.73)\times11.78\times(0+0+0.31)/3=6.86\mathrm{m}^3$$

五边形 10076：

$$V_{10076填}=\left[8.73\times20+\frac{1}{2}\times(20-11.73+20)\times(20-8.73)\right]\times(0.24+0+0+0.23+0.15)/5$$
$$=41.40$$

【注释】

20——一个方格网的边长；

8.73——1—2 线上的零点到角点 1 的距离；

11.78m——2—7 线上的零点到角点 2 的距离；

0m——三角形 020 和五边形 10076 中零点的高程；

3——三角形 020 的顶点数；

5——五边形 10076 的顶点数；

0.31m——角点 2 的施工高程的绝对值；

0.24m——角点 1 的施工高程的绝对值；

0.23m——角点 7 的施工高程的绝对值；

0.15m——角点 6 的施工高程的绝对值；

$\frac{1}{2}\times(20-8.73)\times11.78\mathrm{m}^2$——三角形 020 的面积；

$\left[8.73\times20+\frac{1}{2}\times(20-11.73+20)\times(20-8.73)\right]\mathrm{m}^2$——五边形 10076 的面积（图 8-2 中的尺寸为实际尺寸）。

方格网 2378，底面一个是三角形，一个是五边形。

三角形 070：

$$V_{070填}=\frac{1}{2}\times8.36\times(20-11.78)\times(0.23+0+0)/3=2.63\mathrm{m}^3$$

五边形 23800：

$$V_{23800挖}=\left[(20-8.36)\times20+\frac{1}{2}\times(11.78+20)\times8.36\right]\times(0.31+0.34+0.22+0+0)/5$$
$$=63.62\mathrm{m}^3$$

【注释】 8.36——7—8 线上的零点到角点 7 的距离；

(20−11.78)——2—7 线上的零点到角点 7 的距离；

0.23——角点 7 的施工高程的绝对值；

0——三角形 070 和五边形 23800 中零点的高程；

3——三角形 070 的顶点数；

5——五边形 23800 的顶点数；
0.31——角点 2 的施工高程的绝对值；
0.34——角点 3 的施工高程的绝对值；
0.22——角点 8 的施工高程的绝对值。

方格网 3498 是一个正方形。

正方形 3498：

$$V_{3498挖}=20\times20\times(0.34+0.11+0.17+0.22)/4$$
$$=84.00\text{m}^3$$

【注释】 20×20——方格网 3498 的面积；
0.34——角点 3 的施工高程的绝对值；
0.11——角点 4 的施工高程的绝对值；
0.17——角点 9 的施工高程的绝对值；
0.22——角点 8 的施工高程的绝对值；
4——正方形 3498 的顶点数。

方格网 45109 是一个正方形。

正方形 45109：

$$V_{45109挖}=20\times20\times(0.11+0.22+0.09+0.17)/4$$
$$=59.00\text{m}^3$$

【注释】 20×20——方格网 45109 的面积；
0.09——角点 10 的施工高程的绝对值；
0.11——角点 4 的施工高程的绝对值；
0.17——角点 9 的施工高程的绝对值；
0.22——角点 5 的施工高程的绝对值；
4——正方形 45109 的顶点数。

方格网 671211 是一个正方形。

正方形 671211：

$$V_{671211挖}=20\times20\times(0.15+0.23+0.19+0.07)/4$$
$$=64.00\text{m}^3$$

【注释】 20×20——方格网 671211 的面积；
0.15——角点 6 的施工高程的绝对值；
0.23——角点 7 的施工高程的绝对值；
0.19——角点 12 的施工高程的绝对值；
0.07——角点 11 的施工高程的绝对值；
4——正方形 671211 的顶点数。

方格网 781312 底面一个是五边形，一个是三角形。

五边形 7001312：

$$V_{7001312填}=\left[8.36\times20+\frac{1}{2}\times(20-12.26+20)\times(20-8.36)\right]\times(0.23+0+0+0.09+0.19)/5$$
$$=33.52\text{m}^3$$

三角形 080：

$$V_{080挖}=\frac{1}{2}\times(20-8.36)\times12.26\times(0.22+0+0)/3$$
$$=5.36\mathrm{m}^3$$

【注释】 8.36——7—8 线上的零点到角点 7 的距离；

12.26——8—13 线上的零点到角点 8 的距离；

0.23——角点 7 的施工高程的绝对值；

0——三角形 080 和五边形 7001312 中零点的高程；

3——三角形 080 的顶点数；

5——五边形 7001312 的顶点数；

0.09——角点 13 的施工高程的绝对值；

0.19——角点 12 的施工高程的绝对值；

0.22——角点 8 的施工高程的绝对值。

方格网 891413 底面是一个三角形、一个五边形。

三角形 0130：

$$V_{0130填}=\frac{1}{2}\times(20-12.26)\times7.83\times(0.09+0+0)/3$$
$$=0.91\mathrm{m}^3$$

五边形 891400：

$$V_{891400挖}=\left[\frac{1}{2}\times(12.26+20)\times7.83+(20-7.83)\times20\right]\times(0.22+0.17+0.14+0+0)/5$$
$$=39.19\mathrm{m}^3$$

【注释】 12.26——8—13 线上的零点到角点 8 的距离；

7.83——13—14 线上的零点到角点 13 的距离；

0——三角形 0130 和五边形 891400 中零点的高程；

0.09——角点 13 的施工高程的绝对值；

0.17——角点 9 的施工高程的绝对值；

0.22——角点 8 的施工高程的绝对值；

0.14——角点 14 的施工高程的绝对值。

方格网 9101514 底面为一个正方形。

正方形 9101514：

$$V_{9101514挖}=20\times20\times(0.17+0.09+0.32+0.14)/4$$
$$=72.00\mathrm{m}^3$$

【注释】 0.17——角点 9 的施工高程的绝对值；

0.09——角点 10 的施工高程的绝对值；

0.32——角点 15 的施工高程的绝对值；

0.14——角点 14 的施工高程的绝对值。

方格网 11121716 底面为一个正方形。

正方形 11121716：

$$V_{11121716填}=20\times20\times(0.17+0.09+0.32+0.14)/4$$
$$=103.00\mathrm{m}^3$$

【注释】 0.17——角点 9 的施工高程的绝对值；

0.09——角点 10 的施工高程的绝对值；

0.32——角点 15 的施工高程的绝对值；

0.14——角点 14 的施工高程的绝对值。

方格网 12131817 底面为一个正方形。

正方形 12131817：

$$V_{12131817填}=20\times20\times(0.19+0.09+0.23+0.37)/4$$
$$=88.00m^3$$

【注释】 0.19——角点 12 的施工高程的绝对值；

0.09——角点 13 的施工高程的绝对值；

0.23——角点 18 的施工高程的绝对值；

0.37——角点 17 的施工高程的绝对值。

方格网 13141918 底面有一个三角形、一个五边形。

三角形 0140：

$$V_{0140挖}=\frac{1}{2}\times10.66\times(20-7.83)\times(0+0+0.14)/3$$
$$=6.75m^3$$

五边形 13001918：

$$V_{13001918填}=\left[7.83\times20+\frac{1}{2}\times(20-10.66+20)\times(20-7.83)\right]\times(0.09+0+0+0.17+0.23)/5$$
$$=32.84m^3$$

【注释】 10.66——14—19 线上的零点到角点 14 的距离；

7.83——13—14 线上的零点到角点 13 的距离；

0.14——角点 14 的施工高程的绝对值；

0.09——角点 13 的施工高程的绝对值；

0.17——角点 19 的施工高程的绝对值；

0.23——角点 18 的施工高程的绝对值。

方格网 14152019 底面为一个三角形、一个五边形。

三角形 0019：

$$V_{0019填}=\frac{1}{2}\times11.33\times(20-10.66)\times(0.17+0+0)/3$$
$$=17.99m^3$$

五边形 14152000：

$$V_{14152000挖}=\left[\frac{1}{2}\times(10.66+20)\times11.33+(20-11.33)\times20\right]\times(0.14+0.32+0.13+0+0)/5$$
$$=40.96m^3$$

【注释】 11.33——19—20 线上的零点到角点 19 的距离；

10.66——14—19 线上的零点到角点 14 的距离；

0.14——角点 14 的施工高程的绝对值；

0.32——角点 15 的施工高程的绝对值；

0.17——角点19的施工高程的绝对值；

0.13——角点20的施工高程的绝对值。

方格网16172221底面是一个正方形。

正方形16172221：

$$V_{16172221填}=20\times20\times(0.40+0.37+0.11+0.34)/4=122.00m^3$$

【注释】 0.40——角点16的施工高程的绝对值；

0.37——角点17的施工高程的绝对值；

0.11——角点22的施工高程的绝对值；

0.34——角点21的施工高程的绝对值。

方格网17182322底面是一个正方形。

正方形17182322：

$$V_{17182322填}=20\times20\times(0.37+0.23+0.20+0.11)/4=91.00m^3$$

【注释】 0.37——角点17的施工高程的绝对值；

0.23——角点18的施工高程的绝对值；

0.20——角点23的施工高程的绝对值；

0.11——角点22的施工高程的绝对值。

方格网18192423底面是一个正方形。

正方形18192423：

$$V_{18192423填}=20\times20\times(0.23+0.17+0.01+0.20)/4=61.00m^3$$

【注释】 0.17——角点19的施工高程的绝对值；

0.23——角点18的施工高程的绝对值；

0.20——角点23的施工高程的绝对值；

0.01——角点24的施工高程的绝对值。

方格网19202524底面一个是五边形，一个是三角形。

五边形19002524：

$$V_{19002524填}=\left[\frac{1}{2}\times(20-6.34+20)\times(20-11.33)+11.33\times20\right]\times(0.17+0+0+0.28+0.01)/5=34.27m^3$$

三角形0200：

$$V_{0200挖}=\frac{1}{2}\times6.34\times(20-11.33)\times(0+0+0.13)/3=1.19m^3$$

【注释】 11.33——19—20线上的零点到角点19的距离；

6.34——20—25线上的零点到角点20的距离；

0.28——角点25的施工高程的绝对值；

0.01——角点24的施工高程的绝对值；

0.17——角点 19 的施工高程的绝对值；

0.13——角点 20 的施工高程的绝对值。

4）挖一般土方全部的挖土方量和全部的填土方量

全部挖方工程量为：

$$\sum V_{挖}=139.00+6.86+63.62+84+59+64+5.36+39.19+72+6.75+40.96+1.19$$
$$=581.93m^3=5.8193\ (100m^3)$$

套用定额：9—3，基价：1129.34 元，计量单位：$100m^3$

定额直接费用：5.8193×1129.34=6571.97 元

全部填方量为：

$$\sum V_{填}=0+139.00+41.40+2.63+33.52+0.91+103+88+32.84+17.99+122+91+61+34.27$$
$$=767.56m^3=7.6756\ (100m^3)$$

套用定额：9—55，基价：763.33 元，单位：$100m^3$

定额直接费用：7.6756×763.33=5859.02 元

5）为了达到土方平衡，缺方内运的工程量

$$V_{缺}=\sum V_{挖}-\sum V_{填}$$
$$=581.93-767.56$$
$$=-185.63m^3$$

2. 挖沟槽土方

挖沟槽土方的定额工程量同清单工程量，即：

挖沟槽的土方量为：

$$V_{挖沟槽}=(2R+2b)\times h\times L=(0.36+2\times0.12)\times2.4\times166.72$$
$$=240.08m^3=2.4008\ (100m^3)$$

套用定额：9—13，基价：2175.77 元，计量单位：$100m^3$

定额直接费用：2.4008×2175.77=5223.59 元

3. 挖基坑土方

挖基坑（检查井）土方的定额工程量同清单工程量，即：

检查井挖土方工程量：

$$V_{检查井}=\left[\frac{\pi}{180}\times\arccos\frac{0.18}{1.2}\times1.2^2-\frac{1}{2}\times2\times\sqrt{1.2^2-\left(\frac{0.36}{2}\right)^2}\times0.18\right]\times2\times2.4\times4$$
$$=35.16m^3=0.3516\ (100m^3)$$

套用定额：9—25，基价：2465.86 元，计量单位：$100m^3$

定额直接费用：0.3516×2465.86=867.00 元

修筑排水管总的填土方量为：

$$V_{填}=V_{挖沟槽}-V_{管}$$
$$=224.09m^3=2.2409\ (100m^3)$$

套用定额：9—56，基价：892.31 元，计量单位：$100m^3$

定额直接费用：2.2409×892.31=1999.577 元

$$V_{余}=V_{挖}-V_{填}$$
$$=275.24-224.09$$
$$=51.15m^3$$

【注释】 275.24——图 8-2 中划定范围内沟槽及检查井的总挖方量；

224.09——图 8-2 中划定范围内沟槽的总填方量。

4. 填方

继挖土方之后，该工程总的填方量为：

$$V_{总填}=767.56+224.09$$
$$=991.65\text{m}^3=9.9165\ (100\text{m}^3)$$

【注释】 767.56m³——图 8-2 中划定范围内一般土方所需的填方量；

224.09m³——图 8-2 中划定范围内沟槽所需的填方量。

套用定额：9—56，基价：892.31 元，计量单位：100m³

定额直接费用：9.9165×892.31=8848.59 元

5. 缺方内运

则，挖土方的缺方内运量等于挖一般土方所需的缺方内运量（负数）加挖填沟槽及检查井后的余方弃置量（正数），即

$$V_{缺方内运}=V_{缺}+V_{余}$$
$$=-185.63+51.15$$
$$=-134.48\text{m}^3=-1.3448\ (100\text{m}^3)$$

【注释】 −185.63——挖一般土方所需的缺方内运量；

51.15——挖填沟槽后的余方弃置量。

缺方需要内运的土方进行人工装汽车运输：

套用定额：9—49，基价：370.76 元，计量单位：100m³

定额直接费用：1.3448×370.76=498.60 元

（三）土方工程综合单价分析表

见表 8-1～表 8-5。

综合单价分析表　　**表 8-1**

工程名称：某环形交叉口及其路段设计　标段：　　第　页　共　页

项目编码	040101001001		项目名称		挖一般土方		计量单位	m³	工程量	442.93
清单综合单价组成明细										
定额编号	定额项目名称	定额单位	数量	单价				合价		
				人工费	材料费	机械费	管理费和利润	人工费	材料费	机械费	管理费和利润
9—3	人工挖土方，四类土	100m³	5.8193	1129.34	—	—		6571.97	—	—	
人工单价		小计						6571.97	—	—	—
22.47 元/工日		未计价材料费									
清单项目综合单价								14.79			
材料费明细	主要材料名称、规格、型号			单位		数量		单价（元）	合价（元）	暂估单价（元）	暂估合价（元）
	其他材料费										
	材料费小计										

综合单价分析表 **表 8-2**

工程名称：某环形交叉口及其路段设计　标段：　　　　第　页　共　页

项目编码		040101002001		项目名称		挖沟槽土方		计量单位	m^3	工程量	240.08
清单综合单价明细											
定额编号	定额项目名称	定额单位	数量	单价				合价			
				人工费	材料费	机械费	管理费和利润	人工费	材料费	机械费	管理费和利润
9—13	人工挖沟、槽土方，四类土深度为 2.4m	100m^3	2.4008	2175.77	—	—		5223.59	—	—	
人工单价		小计						5223.59	—	—	
22.47 元/工日		未计价材料费									
清单项目综合单价								21.76			
材料费明细	主要材料名称、规格、型号			单位	数量			单价（元）	合价（元）	暂估单价（元）	暂估合价（元）
	其他材料费										
	材料费小计										

综合单价分析表 **表 8-3**

工程名称：某环形交叉口及其路段设计　标段：　　　　第　页　共　页

项目编码		040101003001		项目名称		挖基坑土方		计量单位	m^3	工程量	35.15
清单综合单价明细											
定额编号	定额项目名称	定额单位	数量	单价				合价			
				人工费	材料费	机械费	管理费和利润	人工费	材料费	机械费	管理费和利润
9—25	人工挖基坑土方，四类土，深度为 2.4m	100m^3	0.3516	2465.86	—	—		867.00	—	—	
人工单价		小计						867.00	—	—	
22.47 元/工日		未计价材料费									
清单项目综合单价								24.66			
材料费明细	主要材料名称、规格、型号			单位	数量			单价（元）	合价（元）	暂估单价（元）	暂估合价（元）
	其他材料费										
	材料费小计										

综合单价分析表 **表 8-4**

工程名称：某环形交叉口及其路段设计 标段： 第 页 共 页

项目编码	040103001001			项目名称		回填方		计量单位	m³	工程量	852.65
清单综合单价明细											
定额编号	定额项目名称	定额单位	数量	单价				合价			
				人工费	材料费	机械费	管理费和利润	人工费	材料费	机械费	管理费和利润
9—55	人工平整场地、填土夯实、原土夯实	100m³	7.6756	762.63	0.70	—		5853.64	5.37	—	
9—56	人工平整场地、填土夯实、原土夯实	100m³	2.2409	891.61	0.70	—		1998.01	1.57	—	
人工单价		小计						7851.65	6.94	—	
22.47元/工日		未计价材料费									
清单项目综合单价								9.22			
材料费明细	主要材料名称、规格、型号				单位	数量		单价（元）	合价（元）	暂估单价（元）	暂估合价（元）
	水				m³	15.37		0.45	6.9165		
	其他材料费										
	材料费小计								6.9165		

综合单价分析表 **表 8-5**

工程名称：某环形交叉口及其路段设计 标段： 第 页 共 页

项目编码	040103001002			项目名称		缺方内运		计量单位	m³	工程量	134.48
清单综合单价明细											
定额编号	定额项目名称	定额单位	数量	单价				合价			
				人工费	材料费	机械费	管理费和利润	人工费	材料费	机械费	管理费和利润
9—49	人工装、运土方，人工装汽车土方	100m³	1.3448	370.76	—	—		498.60	—	—	
人工单价		小计						498.60			
22.47元/工日		未计价材料费									
清单项目综合单价								3.7076			
材料费明细	主要材料名称、规格、型号				单位	数量		单价（元）	合价（元）	暂估单价（元）	暂估合价（元）
	其他材料费										
	材料费小计										

二、道路工程

(一) 清单工程量

1. 路基处理

该地区地下水位较浅，土壤潮湿且为膨胀土，为了加固路基，须掺入一定量的石灰。对于该区南北向大道 K1＋0000～K1＋3200 段、东西向大道 k2＋0000～k2＋2689 段，膨胀土连续大面积出现，决定采用路拌施工方法。将消解好的石灰按 5％的比例用量均匀撒布在翻耕路段，翻耕厚度 20cm，然后用路拌机拌合，平地机找平，再行碾压（其中环形交叉口中，内环岛部分无须掺石灰）。路基横断面图如图 8-13 所示。

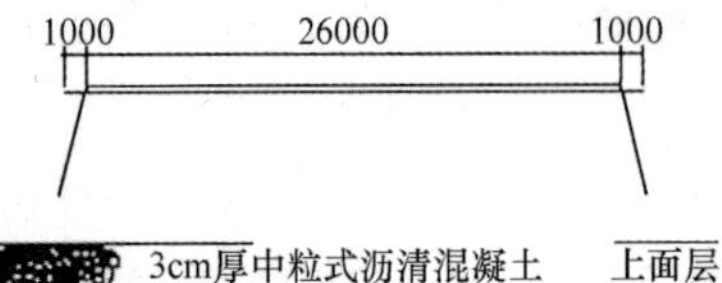

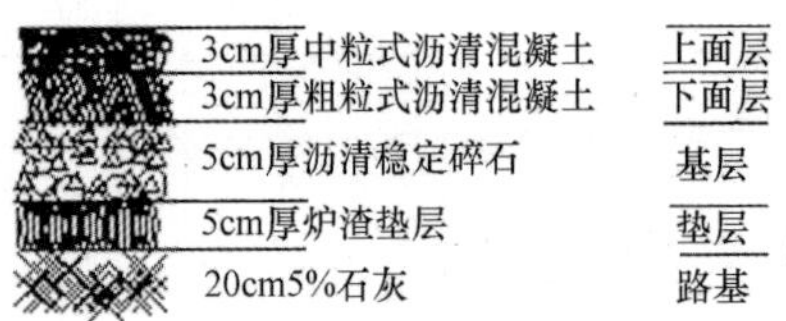

图 8-13　交叉口及路段路基横断面图

(1) 强夯土方

项目编码：040201002001　项目名称：强夯地基

夯实土方的清单工程量（按设计图示尺寸以面积计算，单位：m^2）

$$S=S_{道路}+S_{人行道}=[\pi(R+1)^2-\pi r^2]+(26+2\times1)\times[3200-2(R+1)]+(26+2\times1)\times[2689-2(R+1)]+[(12.96+11.78\times2+2.58\times2)\times4+(3200-80)\times2+(2689-80)\times2]\times3.6$$
$$=163459.04+41848.99=205308.03m^2$$

【注释】 π——取 3.14159；

R——取 33m，为外圆环的半径；

r——取 20m，为内环岛的半径；

26——路面的宽度；

1——路肩的宽度；

3.6——人行道的宽度；

2——一条路的路肩条数，也是人行道的条数；

3200——南北向大道的长度；

2689——东西向大道的长度。

(2) 掺石灰

项目编码：040201004001　项目名称：掺石灰

路基的底面积：

$$S=[\pi(R+1)^2-\pi r^2]+(26+2\times1)\times[3200-2(R+1)]+(26+2\times1)\times[2689-2(R+1)]$$
$$=[\pi\times(33+1)^2-\pi\times20^2]+(26+2)\times[3200-2\times(33+1)]+(26+2)\times[2689-2\times(33+1)]$$
$$=163459.04m^2$$

【注释】 π——取 3.14159；

R——取 33m，为外圆环的半径；

r——取 20m，为内环岛的半径；
26——路面的宽度；
1——路肩的宽度；
2——一条路的路肩条数；
3200——南北向大道的长度；
2689——东西向大道的长度。

则路基中掺石灰的工程量（按设计图示尺寸以体积计算，单位：m^3）为：

$$V=S\times h_1\times 5\%=163459.04\times 0.2\times 5\%=1634.59m^3$$

【注释】 S——取 163459.04，整个圆环及路段的路基底面积；
h_1——掺入石灰的路基土的厚度；
5%——掺入石灰的路基土中石灰的含量。

（3）塑料排水板

项目编码：040201009001　项目名称：塑料排水板

塑料排水管的清单工程量（按设计图示尺寸以长度计算，单位：m）：

$$L=(12.96+11.78\times 2+2.58\times 2)\times 4+(3200-80)\times 2+(2689-80)\times 2=11624.72m$$

【注释】 12.96——图 8-7 中半径为 33m 的一段圆弧线弧长；
11.78——图 8-7 中半径为 12m 的连接路段和环岛的一段缓和曲线（此缓和曲线是一段与路段边框直线和交叉口外环线相切的一段圆弧）的弧长；
第一个 2——交叉口一个角有两段弧长均为 11.78m 的缓和曲线；
80——环形交叉口填挖土方工程中所画方格网为 80m×80m 的正方形边长，如图 8-2 所示；
2.58——图 8-7 中，半径为 12m 的缓和曲线从与路段外框线相交的点到大方格网最近边的距离，尺寸标注如图 8-7 所示；
第二个 2——交叉口一个角有两段长度均为 2.58m 的上述线段；
4——环形交叉口有四段长度均为（12.96+11.78×2+2.58×2）m 的相同的对称线段；
3200——南北向大道的长度；
2689——东西向大道的长度；
第三个 2——大道两侧共有排水管的线数；
第四个 2——大道两侧共有排水管的线数。

2. 道路基层

（1）垫层

项目编码：040201020001　项目名称：垫层

则 5cm 厚炉渣垫层的工程量为（垫层的工程量计算规则为按图示尺寸以面积计算，不扣除各种井所占面积，单位：m^2）：

$$\begin{aligned}S&=(\pi R^2-\pi r^2)+26\times(3200-2R)+26\times(2689-2R)\\&=(\pi\times 33^2-\pi\times 20^2)+26\times(3200-2\times 33)+26\times(2689-2\times 33)\\&=151846.56m^2\end{aligned}$$

【注释】 π——取3.14159；

R——取33m，为外圆环的半径；

r——取20m，为内环岛的半径；

26——路面的宽度；

3200——南北向大道的长度；

2689——东西向大道的长度。

（2）石灰、碎石、土

项目编码：040202005001 项目名称：石灰、碎石、土

在本次设计中，人行道基层采用石灰、碎石、土的设计方案，参见图8-14，则20cm石灰、土、碎石（10∶60∶30）基层的工程量（按设计图示尺寸以面积计算，不扣除各种井所占面积，单位：m^2）为：

$$S=L\times d-1.0\times1.0\times n=11624.72\times3.6-1.0\times1.0\times1150=40698.99m^2$$

【注释】 L——取11624.72m，环形交叉口及其路段上，总人行道的长度；

d——取3.6m，人行道的宽度；

1.0m——正方形树池的边长；

n——取1150个，总的树池个数。

（3）沥青稳定碎石

项目编码：040202016001 项目名称：沥青稳定碎石

5cm厚沥青稳定碎石的工程量（按图示设计尺寸以面积计算，不扣除各种井所占面积，单位：m^2）：

$$S=(\pi R^2-\pi r^2)+26\times(3200-2R)+26\times(2689-2R)$$
$$=(\pi\times33^2-\pi\times20^2)+26\times(3200-2\times33)+26\times(2689-2\times33)$$
$$=151846.56m^2$$

【注释】 π——取3.14159；

R——取33m，为外圆环的半径；

r——取20m，为内环岛的半径；

26——路面的宽度；

3200——南北向大道的长度；

2689——东西向大道的长度。

3. 道路面层

沥青混凝土

项目编码：040203006001 项目名称：沥青混凝土

（1）对于行车道道路面层，参见图8-13，则3cm厚粗粒式沥青混凝土的工程量（按图示尺寸以面积计算，不扣除各种井所占面积，单位：m^2）为：

$$S=(\pi R^2-\pi r^2)+26\times(3200-2R)+26\times(2689-2R)$$
$$=(\pi\times33^2-\pi\times20^2)+26\times(3200-2\times33)+26\times(2689-2\times33)$$
$$=151846.56m^2$$

【注释】 π——取3.14159；

R——取33m，为外圆环的半径；

r——取20m，为内环岛的半径；

26——路面的宽度；

3200——南北向大道的长度；

2689——东西向大道的长度。

（2）对于行车道道路面层，参见图8-13，则3cm厚中粒式沥青混凝土的工程量（按图示尺寸以面积计算，不扣除各种井所占的面积，单位：m^2）为：

$$S=(\pi R^2-\pi r^2)+26\times(3200-2R)+26\times(2689-2R)$$
$$=(\pi\times 33^2-\pi\times 20^2)+26\times(3200-2\times 33)+26\times(2689-2\times 33)$$
$$=151846.56m^2$$

【注释】 π——取3.14159；

R——取33m，为外圆环的半径；

r——取20m，为内环岛的半径；

26——路面的宽度；

3200——南北向大道的长度；

2689——东西向大道的长度。

（3）对于人行道，参见图8-14，则2cm厚细粒式沥青混凝土的工程量（按设计图示尺寸以面积计算，不扣除各种井所占面积，单位：m^2）为：

$$S=L\times d-1.0\times 1.0\times n=11624.72\times 3.6-1.0\times 1.0\times 1150=40698.99m^2$$

【注释】 L——取11624.72m，环形交叉口及其路段上，总人行道的长度；

d——取3.6m，人行道的宽度；

1.0——正方形树池的边长；

n——取1150个，总的树池个数。

则沥青混凝土的清单工程量为：

$$S=151846.56+151846.56+40698.99=344392.11m^2$$

【注释】 151846.56——行车道道路面层3cm厚粗粒式沥青混凝土和3cm厚中粒式沥青混凝土的工程量；

40698.99——人行道2cm厚细粒式沥青混凝土的工程量。

4. 人行道及其他

在本次设计中，人行道宽度各为3.6m，人行道上每隔10m有一个树池，树池为正方形，边长1.0m，如图8-15所示，求树池及人行道块料铺设工程量。

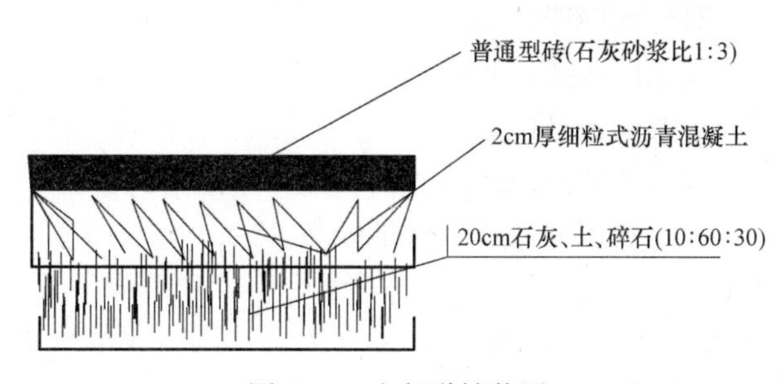

图8-14　人行道铺装图

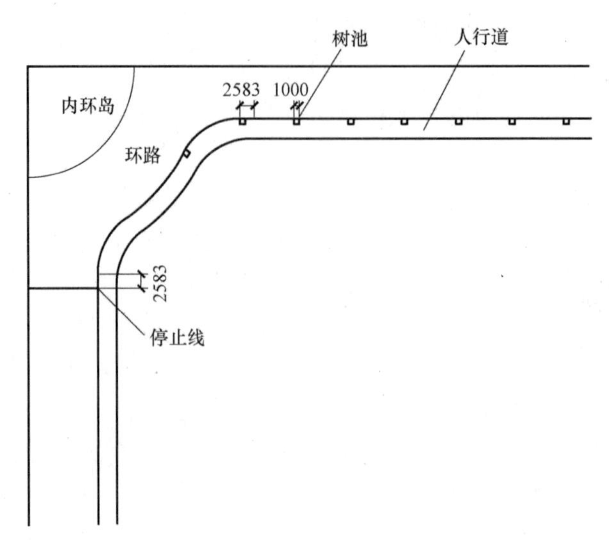

图 8-15　人行道及树池俯视图

(1) 人行道块料铺设

项目编码：040204002001　项目名称：人行道块料铺设

1) 先求人行道的总长度

人行道的宽度　$d=3.6\text{m}$

环形交叉口及其路段上，总人行道的长度

$$L=(12.96+11.78\times2+2.58\times2)\times4+(3200-80)\times2+(2689-80)\times2$$
$$=11624.72\text{m}$$

【注释】 12.96——图 8-7 中半径为 33m 的一段圆弧线弧长；

11.78——图 8-7 中半径为 12m 的连接路段和环岛的一段缓和曲线（此缓和曲线是一段与路段边框直线和交叉口外环线相切的圆弧）的弧长；

第一个 2——交叉口一个角有两段弧长均为 11.78m 的缓和曲线；

80——环形交叉口填挖土方工程中所画方格网为 80m×80m 的正方形边长，如图 8-2 所示；

2.58——图 8-7 中，半径为 12m 的缓和曲线从与路段外框线相交的点到大方格网最近边的距离，尺寸标注如图 8-7 中所示；

第二个 2——交叉口一个角有两段长度均为 2.58m 的上述线段；

4——环形交叉口有长度均为（12.96+11.78×2+2.58×2)m 的四段对称的线段；

3200——南北向大道的长度；

2689——东西向大道的长度；

第三个 2——大道两侧共有排水管的线数；

第四个 2——大道两侧共有排水管的线数。

2) 人行道块料铺设

即普通型砖（石灰砂浆比 1∶3）的工程量（按设计图示尺寸以面积计算，不扣除各种井所占面积，单位：m^2）为：

$$
\begin{aligned}
S &= L \times d - 1.0 \times 1.0 \times n \\
&= 11624.72 \times 3.6 - 1.0 \times 1.0 \times 1150 \\
&= 40697.99\text{m}^2
\end{aligned}
$$

【注释】 L——取 11624.72m，环形交叉口及其路段上，总人行道的长度；

d——取 3.6m，人行道的宽度；

1.0——正方形树池的边长；

n——取 1150 个，总的树池个数。

(2) 树池砌筑

项目编码：040204007001 项目名称：树池砌筑

树池砌筑（按设计图示数量计算，单位：个）的工程量：

$$
\begin{aligned}
n &= [(12.96+11.78\times2+2.58\times2)\times4+(3200-80)\times2+(2689-80)\times2]/10+1+1 \\
&= 1149.968+1+1 \\
&= 1151\text{个}
\end{aligned}
$$

【注释】 12.96——图 8-7 中半径为 33m 的一段圆弧线弧长；

11.78——图 8-7 中半径为 12m 的连接路段和环岛的一段缓和曲线（此缓和曲线是一段与路段边框直线和交叉口外环线相切的圆弧）的弧长；

第一个 2——交叉口一个角有两段弧长均为 11.78m 的缓和曲线；

80——环形交叉口填挖土方工程中所画方格网为 80m×80m 的正方形边长，如图 8-2 所示；

2.58——图 8-7 中，半径为 12m 的缓和曲线从与路段外框线相交的点到大方格网最近边的距离，尺寸标注如图 8-7 中所示；

第二个 2——交叉口一个角有两段长度均为 2.58m 的上述线段；

4——环形交叉口有长度均为（12.96+11.78×2+2.58×2)m 的四段相同的对称线段；

3200——南北向大道的长度；

2689——东西向大道的长度；

第三个 2——大道两侧共有排水管的线数；

第四个 2——大道两侧共有排水管的线数；

10——每隔 10m 有一个树池；

1——南北向道路长除以 10 所得树池数加 1，东西向道路长除以 10 所得树池数加 1。

5. 交通管理设施

(1) 标志板

项目编码：040205004001 项目名称：标志板

在车辆进入环形交叉口时，为了引导车辆有序环绕，明示车辆绕行方向，分别在道路入口处设置环绕方向标志板，如图 8-16 所示，求标志板的块数工程量。

环形交叉口绕行方向标志板的工程量（按设计图示数量计算，单位：块）：道路入口共有 4 个，故其标志板的清单工程量为：

$$1\times4\text{块}=4\text{块}$$

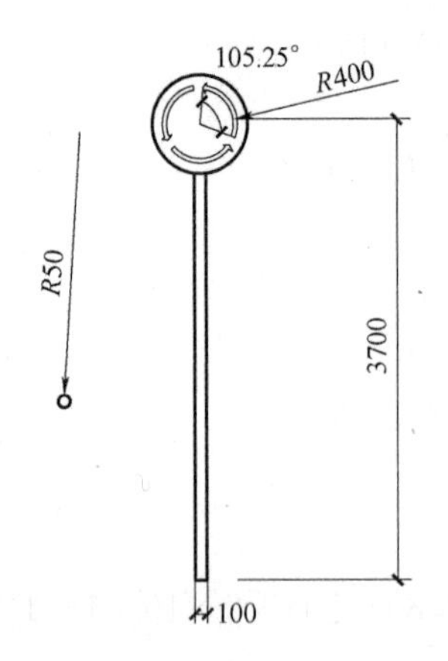

图 8-16 环岛绕行方向标志板

(2) 标线

项目编码：040205006001 项目名称：标线

车道分界线的清单工程量（按设计图示尺寸以长度计算，单位：km）：

南北向主干道车道分界线长度：

(3200－2×40)×2＝6240＝6.24km

东西向主干道车道分界线长度：

(2689－2×40)×2＝5218＝5.218km

则，总的车道分界线长度：

6240＋5218＝11458m＝11.458km

【注释】 3200——南北向大道的长度；
2689——东西向大道的长度；
40——内环岛圆心到车辆停止线的垂直距离；
第二个 2——一个方向上的车道分界线有两条。

(3) 横道线

项目编码：040205008001 项目名称：横道线

人行横道线的清单工程量（按设计图示尺寸以面积计算，单位：m^2）：

人行横道线的面积：

$$0.3\times3.2\times(13+13+13+12)=48.96m^2$$

【注释】 0.3m——一条人行横道线的宽度；
3.2m——一条人行横道线的长度，也是人行横道的宽度；
13——环形交叉口南、北、东方向上的人行横道线条数均为十三条；
12——环形交叉口西面道路上的人行横道线条数是十二条。

(4) 环形检测线圈

项目编码：040205010001 项目名称：环形检测线圈

电子警察系统，即车辆自动检测器，是拍摄车辆违法行为并取得证据的重要工具，它不仅可以抓拍车辆闯红灯的违章，而且可以抓拍到其他各类违章，如超速、违法变道、压黄线、逆行、违反限制通行规定等常见的违法行为，并对路口车辆的流量进行统计，根据统计结果对路口信号灯各个方向的通行时间进行自动调配。电子警察系统主要构成包括：前端感应部分、拍摄系统、传输部分和后期处理软件。车辆感应器主要包括：机械压电检测器、超声波车辆检测器、视频车辆检测器和环形线圈车辆检测器。

在该环形交叉路口的各个入口处均安装了该电子警察系统。其中，环形检测线圈共安装了四处，每处的长度包括两条机动车道和一条非机动车道的宽度之和，即 3.5×3＝10.5m，如图 8-17、图 8-18 所示。求环形检测线圈的工程量。

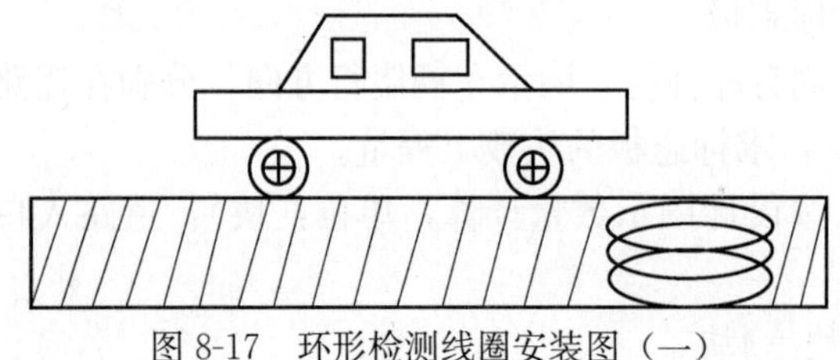
图 8-17 环形检测线圈安装图（一）

环形检测线圈的工程量（按设计图示以数量计算，单位：个）：

4 个

【注释】 4——环形交叉口共有四处

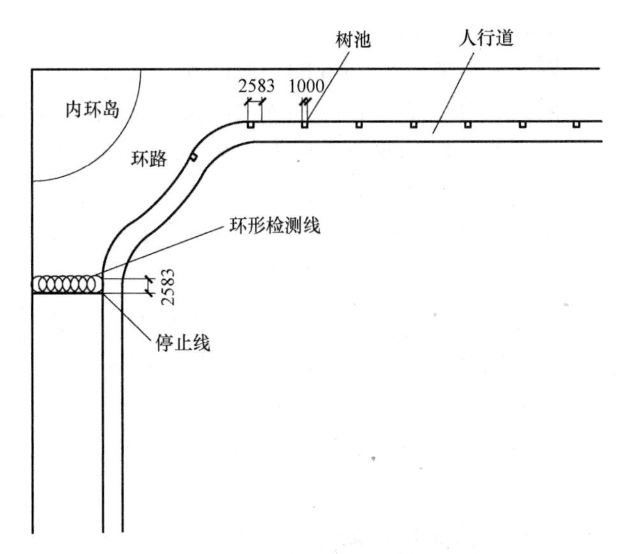

图 8-18　环形检测线圈安装图（二）

安装了检测线圈。

说明：2013 年环形检测线安装改为环形检测线圈安装，将以米为单位改为以个为单位，以数量计算。

（二）定额工程量（套用《全国统一市政工程预算定额》（GYD-309—1999）和《全国统一市政工程预算定额》GYD-302—1999）

1. 路基处理

（1）强夯土方

路床（槽）整形包括路床、人行道碾压和边沟成形等。

1）路床（槽）整形（路床碾压检验）的定额工程量为：

$S=[\pi(R+1)^2-\pi r^2]+(26+2\times1)\times[3200-2(R+1)]+(26+2\times1)\times[2689-2(R+1)]$

$=[\pi\times(33+1)^2-\pi\times20^2]+(26+2)\times[3200-2\times(33+1)]+(26+2)\times[2689-2\times(33+1)]$

$=163459.04\text{m}^2=1634.59(100\text{m}^2)$

【注释】 π——取 3.14159；

R——取 33m，为外圆环的半径；

r——取 20m，为内环岛的半径；

26——路面的宽度；

1——路肩的宽度；

2——一条路的路肩条数；

3200——南北向大道的长度；

2689——东西向大道的长度。

套用定额：2-1，基价：81.78 元，计量单位：100m^2

定额直接费用：1634.59×81.78 元=133676.77 元

2）路床（槽）整形（人行道整形碾压）的定额工程量：

$S=[(12.96+11.78\times2+2.58\times2)\times4+(3200-80)\times2+(2689-80)\times2]\times3.6$

$=41848.99m^2=418.49\ (100m^2)$

【注释】 12.96——图 8-7 中半径为 33m 的一段圆弧线弧长；

11.78——图 8-7 中半径为 12m 的连接路段和环岛的一段缓和曲线（此缓和曲线是一段与路段边框直线和交叉口外环线相切的圆弧）的弧长；

第一个 2——交叉口一个角有两段弧长均为 11.78m 的缓和曲线；

80——环形交叉口填挖土方工程中所画方格网为 80m×80m 的正方形边长，如图 8-2 所示；

2.58——图 8-7 中，半径为 12m 的缓和曲线从与路段外框线相交的点到大方格网最近边的距离，尺寸标注如图 8-7 所示；

第二个 2——交叉口一个角有两段长度均为 2.58m 的上述线段；

4——环形交叉口有四段长度均为 (12.96＋11.78×2＋2.58×2)m 的相同的对称线段；

3200——南北向大道的长度；

2689——东西向大道的长度；

第三个 2——大道两侧共有排水管的线数；

第四个 2——大道两侧共有排水管的线数；

3.6m——人行道的宽度。

套用定额 2-2，基价：46.56 元，计量单位：$100m^2$

定额直接费用：418.49×46.56＝19484.89 元

3）路床（槽）整形总的定额工程量为：

$$S=163459.04+41848.99$$

$$=205308.03m^2=2053.0803\ (100m^2)$$

【注释】 $163459.04m^2$——路床（槽）整形（路床碾压检验）的定额工程量；

$41848.99m^2$——路床（槽）整形（人行道整形碾压）的定额工程量。

（2）掺石灰

路基中掺石灰（机械操作）的定额工程量为：

$V=S\times h_1\times 5\%=[\pi(R+1)^2-\pi r^2]+(26+2\times 1)\times[3200-2(R+1)]+(26+2\times 1)\times[2689-2(R+1)]\times 0.2\times 5\%$

$=163459.04\times 0.2\times 5\%$

$=1634.59m^3=163.459\ (10m^3)$

【注释】 S——整个圆环及路段的路基底面积；

π——取 3.14159；

R——取 33m，为外圆环的半径；

r——取 20m，为内环岛的半径；

26——路面的宽度；

1——路肩的宽度；

2——一条路的路肩条数；

3200——南北向大道的长度；

2689——东西向大道的长度；

h_1——掺入石灰的路基土的厚度；

5%——掺入石灰的路基土中石灰的含量。

套定额2-12，基价：252.29元，计量单位：$10m^3$

定额直接费用：163.459×252.29=41239.071元

(3) 塑料排水板

塑料排水管的定额工程量为：

$$L=(12.96+11.78\times2+2.58\times2)\times4+(3200-80)\times2+(2689-80)\times2$$
$$=11624.72m$$

【注释】 12.96——图8-7中半径为33m的一段圆弧线弧长；

11.78——图8-7中半径为12m的连接路段和环岛的一段缓和曲线（此缓和曲线是一段与路段边框直线和交叉口外环线相切的圆弧）的弧长；

第一个2——交叉口一个角有两段弧长均为11.78m的缓和曲线；

80——环形交叉口填挖土方工程中所画方格网为80m×80m的正方形边长，如图8-2所示；

2.58——图8-7中，半径为12m的缓和曲线从与路段外框线相交的点到大方格网最近边的距离，尺寸标注如图8-7所示；

第二个2——交叉口一个角有两段长度均为2.58m的上述线段；

4——环形交叉口有四段长度均为（12.96+11.78×2+2.58×2）m的相同的对称线段；

3200——南北向大道的长度；

2689——东西向大道的长度；

第三个2——大道两侧共有排水管的线数；

第四个2——大道两侧共有排水管的线数。

2. 道路基层

(1) 垫层

本次设计中，垫层采用5cm厚炉渣垫层，则5cm厚炉渣垫层的定额工程量为：

$$S=(\pi R^2-\pi r^2)+26\times(3200-2R)+26\times(2689-2R)$$
$$=(\pi\times33^2-\pi\times20^2)+26\times(3200-2\times33)+26\times(2689-2\times33)$$
$$=151846.56m^2=1518.4656\ (100m^2)$$

【注释】 π——取3.14159；

R——取33m，为外圆环的半径；

r——取20m，为内环岛的半径；

26——路面的宽度；

3200——南北向大道的长度；

2689——东西向大道的长度。

套用定额：2-38，基价：381.57元，计量单位：$100m^2$

直接定额费用：1518.4656×381.57=579400.92元

(2) 石灰、碎石、土

20cm厚石灰、土、碎石（10∶60∶30）存在于人行道的基层，则20cm厚石灰、土、碎石（10∶60∶30）基层的定额工程量为：

$$S=L\times d-1.0\times1.0\times n$$
$$=11624.72\times3.6-1.0\times1.0\times1151$$
$$=40697.99\text{m}^2=406.9799\ (100\text{m}^2)$$

【注释】 L——取 11624.72m，环形交叉口及其路段上，总人行道的长度；

d——取 3.6m，人行道的宽度；

1.0——正方形树池的边长；

n——取 1151 个，总的树池个数。

套用定额：2-169，基价：128.04 元，计量单位：100m^2

定额直接费用：406.9799×128.04=52109.71 元

(3) 沥青稳定碎石

5cm 厚沥青稳定碎石是喷洒机喷油、人工摊铺撒料，其定额工程量为：

$$S=[\pi(R+1)^2-\pi r^2]+(26+2\times1)\times[3200-2(R+1)]+(26+2\times1)\times[2689-2(R+1)]$$
$$=[\pi\times(33+1)^2-\pi\times20^2]+(26+2)\times[3200-2\times(33+1)]+(26+2)\times[2689-2\times(33+1)]$$
$$=163459.04\text{m}^2=1634.5904\ (100\text{m}^2)$$

【注释】 π——取 3.14159；

R——取 33m，为外圆环的半径；

r——取 20m，为内环岛的半径；

26——路面的宽度；

1——路肩的宽度；

2——一条路的路肩条数；

3200——南北向大道的长度；

2689——东西向大道的长度。

套用定额：2-232，基价：887.54 元，计量单位：100m^2

定额直接费用：1634.5904×887.54=1450764.364 元

3. 道路面层

沥青混凝土

对于行车道道路面层铺设，3cm 厚粗粒式沥青混凝土和 3cm 厚中粒式沥青混凝土均采用机械摊铺。

1) 3cm 厚粗粒式沥青混凝土的定额工程量为：

$$S=(\pi R^2-\pi r^2)+26\times(3200-2R)+26\times(2689-2R)$$
$$=(\pi\times33^2-\pi\times20^2)+26\times(3200-2\times33)+26\times(2689-2\times33)$$
$$=151846.56\text{m}^2=1518.4656\ (100\text{m}^2)$$

【注释】 π——取 3.14159；

R——取 33m，为外圆环的半径；

r——取 20m，为内环岛的半径；

26——路面的宽度；

3200——南北向大道的长度；

2689——东西向大道的长度。

套用定额：2—266，基价：171.78元，计量单位：$100m^2$

定额直接费用：1518.4656×171.78=260842.021元

2）3cm厚中粒式沥青混凝土的定额工程量为：

$$S=(\pi R^2-\pi r^2)+26\times(3200-2R)+26\times(2689-2R)$$
$$=(\pi\times33^2-\pi\times20^2)+26\times(3200-2\times33)+26\times(2689-2\times33)$$
$$=151846.56m^2=1518.4656\ (100m^2)$$

【注释】 π——取3.14159；

R——取33m，为外圆环的半径；

r——取20m，为内环岛的半径；

26——路面的宽度；

3200——南北向大道的长度；

2689——东西向大道的长度。

套用定额：2-276，基价：139.06元，计量单位：$100m^2$

直接定额费用：1518.4656×139.06=211157.826元

3）对于人行道，本次设计采用2cm厚细粒式沥青混凝土，则2cm厚细粒式沥青混凝土的定额工程量为：

$$S=L\times d-1.0\times1.0\times n$$
$$=11624.72\times3.6-1.0\times1.0\times1151$$
$$=40697.99m^2=406.9799\ (100m^2)$$

【注释】 L——取11624.72m，环形交叉口及其路段上，总人行道的长度；

d——取3.6m，人行道的宽度；

1.0——正方形树池的边长；

n——取1151个，总的树池个数。

套用定额：2-281，基价：119.62元，计量单位：$100m^2$

定额直接费用：406.9799×119.62=48682.94元

4）分部分项工程沥青混凝土总的定额工程量为：

$$S=1518.4656(100m^2)+1518.4656(100m^2)+406.9799(100m^2)$$
$$=3444.1015\ (100m^2)$$

【注释】 1518.4656（$100m^2$）——行车道道路面层3cm厚粗粒式沥青混凝土的定额工程量；

1518.4656（$100m^2$）——行车道道路面层3cm厚中粒式沥青混凝土的定额工程量；

406.9799（$100m^2$）——人行道中2cm厚细粒式沥青混凝土的定额工程量。

4. 人行道及其他

在本次设计中，人行道宽度各为3.6m，人行道上每隔10m设一个树池，树池为正方形，边长1.0m，如图8-15所示，求树池铺设工程量。

树池砌筑

1）砌筑树池的个数为：

$$n=[(12.96+11.78\times2+2.58\times2)\times4+(3200-80)\times2+(2689-80)\times2]/10+1+1$$

=1149.968+1+1=1151 个

【注释】 12.96——图 8-7 中半径为 33m 的一段圆弧线弧长；

11.78——图 8-7 中半径为 12m 的连接路段和环岛的一段缓和曲线（此缓和曲线是一段与路段边框直线和交叉口外环线相切的圆弧）的弧长；

第一个 2——交叉口一个角有两段弧长均为 11.78m 的缓和曲线；

80——环形交叉口填挖土方工程中所画方格网为 80m×80m 的正方形边长，如图 8-2 所示；

2.58——图 8-7 中，半径为 12m 的缓和曲线从与路段外框线相交的点到大方格网最近边的距离，尺寸标注如图 8-7 所示；

第二个 2——交叉口一个角有两段长度均为 2.58m 的上述线段；

4——环形交叉口有四段长度均为（12.96+11.78×2+2.58×2)m 的对称的线段；

3200——南北向大道的长度；

2689——东西向大道的长度；

第三个 2——大道两侧共有排水管的线数；

第四个 2——大道两侧共有排水管的线数；

10——每隔 10m 有一个树池；

1——南北向道路长除以 10 所得树池数加 1，东西向道路长除以 10 所得树池数加 1。

则树池砌筑的定额工程量：

$$l = 1.0 \times 4 \times n$$
$$= 1.0 \times 4 \times 1151$$
$$= 4604\text{m} = 46.04\ (100\text{m})$$

【注释】 1.0——一个正方形树池的边长；

4——正方形树池的边数；

1151——环形交叉口及其路段上树池的个数。

套用定额：2-347，基价：324.60 元，计量单位：100m

直接定额费用：46.04×324.60=14944.58 元

2）普通型砖（石灰砂浆比 1∶3）的定额工程量：

$S = L \times d - 1.0 \times 1.0 \times n$

$= [(12.96+11.78\times2+2.58\times2)\times4+(3200-80)\times2+(2689-80)\times2]\times3.6-1.0\times1.0\times1151$

$= 40697.99\text{m}^2 = 4069.799\ (10\text{m}^2)$

【注释】 12.96——图 8-7 中半径为 33m 的一段圆弧线弧长；

11.78——图 8-7 中半径为 12m 的连接路段和环岛的一段缓和曲线（此缓和曲线是一段与路段边框直线和交叉口外环线相切的圆弧）的弧长；

第一个 2——交叉口一个角有两段弧长均为 11.78m 的缓和曲线；

80——环形交叉口填挖土方工程中所画方格网为 80m×80m 的正方形边长，如图 8-2 所示；

2.58——图 8-7 中，半径为 12m 的缓和曲线从与路段外框线相交的点到大方格网最近边的距离，尺寸标注如图 8-7 所示；

第二个 2——交叉口一个角有两段长度均为 2.58m 的上述线段；

4——环形交叉口有四段长度均为（12.96+11.78×2+2.58×2)m 的对称的线段；

3200——南北向大道的长度；

2689——东西向大道的长度；

第三个 2——大道两侧共有排水管的线数；

第四个 2——大道两侧共有排水管的线数；

d——取 3.6m，人行道的宽度；

1.0——正方形树池的边长；

n——取 1151 个，总的树池个数。

套用定额：2-320，基价：55.84 元，计量单位：$10m^2$

定额直接费用：4069.799×55.84=227257.576 元

（三）道路工程综合单价分析表

见表 8-6～表 8-13。

综合单价分析表　　**表 8-6**

工程名称：某环形交叉口及其路段设计　标段：　　第　页　共　页

项目编码	040201002001	项目名称	强夯地基	计量单位	m^2	工程量	205308.03

清单综合单价明细											
定额编号	定额项目名称	定额单位	数量	单价				合价			
				人工费	材料费	机械费	管理费和利润	人工费	材料费	机械费	管理费和利润
2-1	路床(槽)整形，路床碾压检验	$100m^2$	1634.59	8.09	—	73.69		13223.83	—	120452.94	
2-2	路床(槽)整形，人行道整形碾压	$100m^2$	418.49	38.65	—	7.91		16174.64	—	3310.26	
人工单价		小计						29398.47	—	123763.20	
22.47 元/工日		未计价材料费									
清单项目综合单价								0.7460			

材料费明细	主要材料名称、规格、型号	单位	数量	单价（元）	合价（元）	暂估单价（元）	暂估合价（元）
	其他材料费						
	材料费小计						

综合单价分析表 **表 8-7**

工程名称：某环形交叉口及其路段设计 标段： 第 页 共 页

项目编码	040201004001	项目名称	掺石灰	计量单位	m^3	工程量	1634.59

清单综合单价明细

定额编号	定额项目名称	定额单位	数量	单价				合价			
				人工费	材料费	机械费	管理费和利润	人工费	材料费	机械费	管理费和利润
2-12	松弹软土基处理，掺石灰，机械处理，5%含灰量	$10m^3$	163.459	29.44	102.51	120.34		4812.23	16756.18	19670.66	
人工单价		小计						4812.23	16756.18	19670.66	
22.47 元/工日		未计价材料费						23211.20			
清单项目综合单价								25.23			

材料费明细	主要材料名称、规格、型号	单位	数量	单价（元）	合价（元）	暂估单价（元）	暂估合价（元）
	黄土	m^3	2321.12	10.00	23211.20		
	其他材料费						
	材料费小计				23211.20		

综合单价分析表 **表 8-8**

工程名称：某环形交叉口及其路段设计 标段： 第 页 共 页

项目编码	040201020001	项目名称	褥垫层	计量单位	m^2	工程量	151846.56

清单综合单价明细

定额编号	定额项目名称	定额单位	数量	单价				合价			
				人工费	材料费	机械费	管理费和利润	人工费	材料费	机械费	管理费和利润
2-38	铺筑垫层料，炉渣垫层，厚度 5cm	$100m^3$	1518.4656	39.32	342.25	—		59706.07	519694.85	—	
人工单价		小计						59706.07	519694.85	—	
22.47 元/工日		未计价材料费									
清单项目综合单价								3.82			

材料费明细	主要材料名称、规格、型号	单位	数量	单价（元）	合价（元）	暂估单价（元）	暂估合价（元）
	水	m^3	1381.80	0.45	621.81		
	炉渣	m^3	12922.14	39.97	516497.94		
	其他材料费				2581.39		
	材料费小计				519701.14		

综合单价分析表 表 8-9

工程名称：某环形交叉口及其路段设计 标段： 第 页 共 页

项目编码	040202005001	项目名称	石灰、碎石、土	计量单位	m^2	工程量	40698.99

清单综合单价明细											
定额编号	定额项目名称	定额单位	数量	单价				合价			
				人工费	材料费	机械费	管理费和利润	人工费	材料费	机械费	管理费和利润
2-169	石灰、土、碎石基层，石灰、土、碎石(10：60：30)，厂拌，厚20cm	100m^2	406.9799	90.33	—	37.7		36762.49	—	15343.14	
人工单价		小计						36762.49	—	15343.14	
22.47元/工日		未计价材料费						510596.98			
清单项目综合单价								1.28			

材料费明细	主要材料名称、规格、型号	单位	数量	单价(元)	合价(元)	暂估单价(元)	暂估合价(元)
	厂拌石灰、土、碎石	t	17019.90	30.00	510596.98		
	其他材料费						
	材料费小计				510596.98		

综合单价分析表 表 8-10

工程名称：某环形交叉口及其路段设计 标段： 第 页 共 页

项目编码	040202016001	项目名称	沥青稳定碎石	计量单位	m^2	工程量	151846.56

清单综合单价明细											
定额编号	定额项目名称	定额单位	数量	单价				合价			
				人工费	材料费	机械费	管理费和利润	人工费	材料费	机械费	管理费和利润
2-232	沥青稳定碎石，喷洒机喷油、人工摊铺撒料，厚度5cm	100m^2	1634.5904	93.03	702.91	91.60		152065.94	1148969.94	149728.48	
人工单价		小计						152065.94	1148969.94	149728.48	
22.47元/工日		未计价材料费									
清单项目综合单价								9.55			

材料费明细	主要材料名称、规格、型号	单位	数量	单价(元)	合价(元)	暂估单价(元)	暂估合价(元)
	石油沥青，60～100号	t	392.30	1400.00	549.22		
	碎石，15mm	m^3	2664.38	43.96	117126.14		
	碎石，25～40mm	m^3	10837.33	43.96	476409.03		
	水	m^3	1111.52	0.45	500.18		
	其他材料费				4224.44		
	材料费小计				1147476.79		

综合单价分析表 **表 8-11**

工程名称：某环形交叉口及其路段设计　标段：　　　　第　页　共　页

项目编码	040203006001	项目名称	沥青混凝土	计量单位	m^2	工程量	344392.11

清单综合单价明细											
定额编号	定额项目名称	定额单位	数量	单价				合价			
				人工费	材料费	机械费	管理费和利润	人工费	材料费	机械费	管理费和利润
2-266	粗粒式沥青混凝土路面，机械摊铺，厚度 3cm	$100m^2$	1518.4656	41.34	9.28	121.16		62773.37	14091.36	183977.29	
2-276	中粒式沥青混凝土路面，机械摊铺，厚度 3cm	$100m^2$	1518.4656	41.34	9.28	88.44		62773.37	14091.36	134293.10	
2-281	细粒式沥青混凝土路面，人工摊铺，厚度 2cm	$100m^2$	406.9799	59.77	6.24	53.61		24325.19	2539.55	21818.19	
人工单价		小计						149871.93	30722.27	340087.58	
22.47 元/工日		未计价材料费						706222.01			
清单项目综合单价								1.51			

材料费明细	主要材料名称、规格、型号	单位	数量	单价（元）	合价（元）	暂估单价（元）	暂估合价（元）
	粗粒式沥青混凝土	m^3	4600.95	73.2	336789.54		
	中粒式沥青混凝土	m^3	4600.95	80	368076		
	细（微）粒式沥青混凝土	m^3	822.10	1.65	1356.47		
	其他材料费						
	材料费小计				706222.01		

综合单价分析表 **表 8-12**

工程名称：某环形交叉口及其路段设计　标段：　　　　第　页　共　页

项目编码	040204002001	项目名称	人行道块料铺设	计量单位	m^2	工程量	40697.99

清单综合单价明细											
定额编号	定额项目名称	定额单位	数量	单价				合价			
				人工费	材料费	机械费	管理费和利润	人工费	材料费	机械费	管理费和利润
2-320	异形彩色花砖安砌，普通型砖，1∶3 石灰砂浆	$10m^2$	4069.799	29.89	25.95	—		121646.29	105611.28	—	
人工单价		小计						121646.29	105611.28	—	
22.47 元/工日		未计价材料费						996286.8			
清单项目综合单价								5.58			

材料费明细	主要材料名称、规格、型号	单位	数量	单价（元）	合价（元）	暂估单价（元）	暂估合价（元）
	水泥花砖，5cm×25cm×25cm	块	664191.20	1.50	996286.8		
	其他材料费						
	材料费小计				996286.8		

综合单价分析表　　表 8-13

工程名称：某环形交叉口及其路段设计　标段：　　第　页　共　页

项目编码	040204007001	项目名称	树池砌筑	计量单位	个	工程量	1151			
清单综合单价明细										
定额编号	定额项目名称	定额单位	数量	单价				合价		
				人工费	材料费	机械费	管理费和利润	人工费	材料费	机械费	管理费和利润
2-347	砌筑树池，单层立砖	100m	46.04	121.34	203.26	—		5586.49	9358.09		
人工单价		小计						5586.49	9358.09		
22.47 元/工日		未计价材料费									
清单项目综合单价								12.98			

材料费明细	主要材料名称、规格、型号	单位	数量	单价（元）	合价（元）	暂估单价（元）	暂估合价（元）
	机砖	千块	37.75	236.00	8909.66		
	混合砂浆，M5	m^3	4.604	87.25	401.70		
	其他材料费				46.73		
	材料费小计				9358.09		

三、交通管理设施

【注释】 在《全国统一市政工程预算定额》中未找到与交通管理设施相对应的定额，在此省略对交通管理设施章节定额的计算（表 8-14～表 8-16）。

清单工程量计算表　　表 8-14

序号	项目编码	项目名称	项目特征描述	计量单位	工程量
1	040101001001	挖一般土方	四类土	m^3	442.93
2	040101002001	挖沟槽土方	四类土，挖土深度 2.4m	m^3	240.08
3	040101003001	挖基坑土方	四类土，挖土深度最深 2.78m	m^3	35.16
4	040103001001	回填方	填方材料为四类土，密实度为 96%	m^3	852.65
5	040103001002	缺方内运	填方材料四类土，人工装汽车土方，运距 1km	m^3	134.48
6	040201002001	强夯地基	密实度 96%	m^3	205308.03
7	040201004001	掺石灰	含灰量 5%	m^3	1634.59
8	040201020001	褥垫层	5cm 厚炉渣垫层	m^2	151846.56
9	040202005001	石灰、土、碎石	20cm 厚石灰、土、碎石（10：60：30）	m^2	40698.99
10	040202016001	沥青稳定碎石	5cm 厚沥青稳定碎石，喷洒机喷油、人工摊铺撒料，A—70 号沥青石料粒径小于 6mm	m^2	151846.56
11	040203006001	沥青混凝土	3cm 厚粗粒式沥青混凝土、3cm 厚中粒式沥青混凝土、3cm 厚细粒式沥青混凝土	m^2	344392.11
12	040204002001	人行道块料铺设	单层立砖，普通型砖（石灰砂浆比 1：3）	m^2	40697.99
13	040204007001	树池砌筑	1.0m×1.0m	个	1151

续表

序号	项目编码	项目名称	项目特征描述	计量单位	工程量
14	040205004001	标志板	ϕ400mm 的铁件绕行方向标志板	块	4
15	040205006001	标线	车道分界线	m	11458
16	040205008001	横道线	人行横道线	m^2	48.96
17	040205010001	环形检测线圈	4 段，每段长 10.5m	个	4

分部分项工程和单价措施项目清单与计价表　　表 8-15

工程名称：某环形交叉口及其路段设计　标段：　　第　页　共　页

序号	项目编码	项目名称	项目特征描述	计量单位	工程量	金额（元）		
						综合单价	合价	其中：暂估价
1	040101001001	挖一般土方	四类土	m^3	442.93	14.84	6573.08	
2	040101002001	挖沟槽土方	四类土，挖土深度 2.4m	m^3	240.08	21.76	5224.14	
3	040101003001	挖基坑土方	四类土，挖土深度最深 2.78m	m^3	35.16	24.66	867.05	
4	040103001001	回填土方	填方材料为四类土，密实度为 96%	m^3	852.65	9.22	7861.43	
5	040103001002	缺方内运	填方材料四类土，人工装汽车土方，运距 1km	m^3	134.48	3.7076	498.60	
6	040201002001	强夯地基	密实度 96%	m^3	205308.03	0.7460	153159.79	
7	040201004001	掺石灰	含灰量 5%	m^3	1634.59	39.42	64435.54	
8	040201020001	褥垫层	5cm 厚炉渣垫层	m^2	151846.56	3.82	580053.86	
9	040202005001	石灰、土、碎石	20cm 石灰、土、碎石（10：60：30）	m^2	40698.99	1.28	52094.71	
10	040202016001	沥青稳定碎石	5cm 厚沥青稳定碎石，喷洒机喷油、人工摊铺撒料，A—70 号沥青，石料粒径小于 6mm	m^2	151846.56	9.55	1450134.65	
11	040203006001	沥青混凝土	3cm 厚粗粒式沥青混凝土、3cm 厚中粒式沥青混凝土、3cm 厚细粒式沥青混凝土	m^2	344392.11	1.51	520032.09	
12	040204002001	人行道块料铺设	单层立砖，普通型砖（石灰砂浆比 1：3）	m^2	40697.99	5.58	227094.78	
13	040204007001	树池砌筑	单层立砖	个	1151	12.98	14939.98	
14	合计						3059774.88	

某环形交叉口及其路段设计施工图预算表　　表 8-16

序号	定额编号	分项工程名称	计量单位	工程量	基价（元）	其中（元）			合价（元）
						人工费	材料费	机械费	
1	9-3	挖一般土方	$100m^3$	5.8193	1129.34	1129.34	—	—	6571.97
2	9-13	挖沟槽土方	$100m^3$	2.4008	2175.77	2175.77	—	—	5223.59
3	9-25	挖基坑土方	$100m^3$	0.3516	2465.86	2465.86	—	—	867.00
4	9-56	填方	$100m^3$	9.9165	892.31	891.61	0.70	—	8848.59
5	9-49	缺方内运	$100m^3$	1.3448	370.76	370.76	—	—	498.60

续表

序号	定额编号	分项工程名称	计量单位	工程量	基价(元)	其中(元)			合价(元)
						人工费	材料费	机械费	
6	2-1	路床碾压检验	$100m^2$	1634.59	81.78	8.09	—	73.69	133676.77
7	2-2	人行道整形碾压	$100m^2$	418.49	46.56	38.65	—	7.91	19484.90
8	2-12	掺石灰	$10m^3$	163.459	252.29	29.44	102.51	120.34	41239.07
9	2-38	垫层	$100m^2$	1518.4656	381.57	39.32	342.25	—	579400.92
10	2-169	石灰、碎石、土	$100m^2$	406.9799	128.04	90.33	—	37.7	52109.71
11	2-232	沥青稳定碎石	$100m^2$	1634.5904	887.54	93.03	702.91	91.60	1450764.36
12	2-266	粗粒式沥青混凝土	$100m^2$	1518.4656	171.78	41.34	9.28	121.16	260842.02
13	2-276	中粒式沥青混凝土	$100m^2$	1518.4656	139.06	41.34	9.28	88.44	211157.83
14	2-281	细粒式沥青混凝土	$100m^2$	406.9799	119.62	59.77	6.24	53.61	48682.94
15	2-320	人行道块料铺设	$10m^2$	4069.799	55.84	29.89	25.95	—	227257.58
16	2-347	树池砌筑	100m	46.04	324.60	121.34	203.26	—	14944.58
17	合计								3061570.43

案例9　某城市道路路基、路面及其交通管理设施工程

第一部分　工程概况

项目编码：040201004001　　项目名称：掺石灰
项目编码：040201017001　　项目名称：灰土挤密桩
项目编码：040203006001　　项目名称：沥青混凝土
项目编码：040202004001　　项目名称：石灰、粉煤灰、土
项目编码：040202011001　　项目名称：碎石
项目编码：040202003001　　项目名称：水泥稳定土
项目编码：040202015001　　项目名称：水泥稳定碎石
项目编码：040204007001　　项目名称：树池砌筑
项目编码：040205012001　　项目名称：隔离护栏
项目编码：040204002001　　项目名称：人行道块料铺设
项目编码：040202002001　　项目名称：石灰稳定土
项目编码：040202009001　　项目名称：砂砾石

某城市郊区主干路为快速路，该道路的起点桩号为KO+000，终点桩号为K1+300，其道路横向结构为16m的快车道，2m×1m的隔离花坛，4m×2m的慢车道，2m×3m的人行道，在慢车道与人行道的分界处安砌缘石。在人行道共有8个开口，每个开口长度为5m。已知该道路从KO+550～KO+700段在大型人工湖附近，该段地基比较湿软，为了增强路基的稳定性、减小路基的沉降量，对其进行灰土挤密桩处理，采用振动成孔。桩间的前后及左右距离均为0.8m，桩径为0.5m。在该道路全长中的路基土中均掺了60cm厚的含灰量为5%的石灰以提高路基的承载能力。路基两侧各加宽0.5m。相关附图见图9-1～图

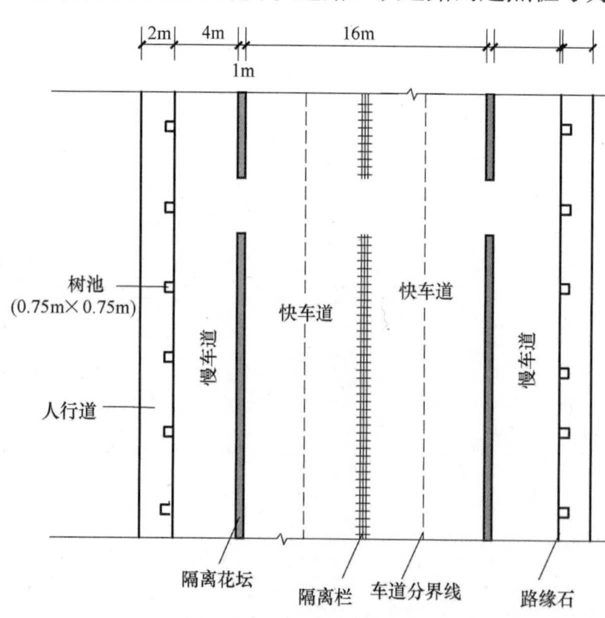

图9-1　道路路面示意图

9-6。试计算其道路工程量（已知石灰、粉煤灰、土的配合比是10：35：45，石灰稳定土含灰量10%）。

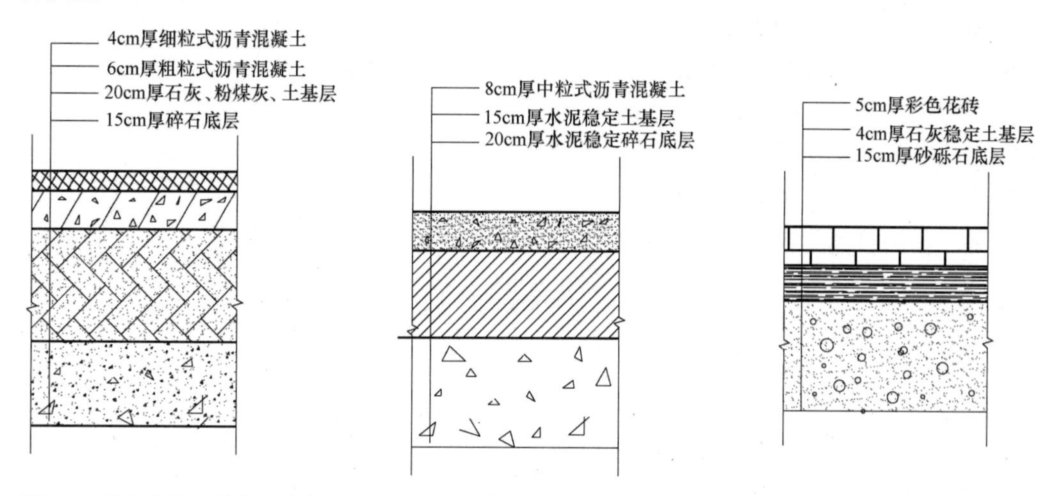

图9-2　快车道路面横断面示意图　　图9-3　慢车道路面横断面示意图　　图9-4　人行道路面横断面示意图

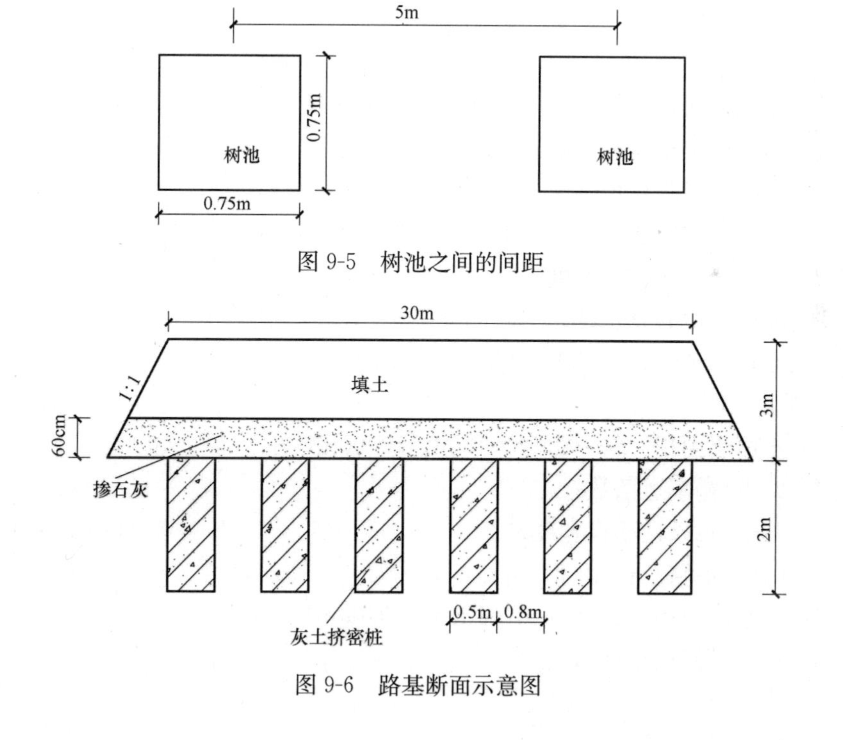

图9-5　树池之间的间距

图9-6　路基断面示意图

第二部分　工程量计算及清单表格编制

一、清单工程量

（一）路基工程量

1. 掺石灰（含灰量5%）工程量

$$V=(30+3\times1)\times0.6\times1300=25740\text{m}^3$$

【注释】 30——路面宽度；
3——路基填土高度；
1——路基填土坡度系数；
0.6——掺石灰厚度；
1300——道路总长度。

2. 灰土挤密桩的工程量

$$L=\left(\frac{30}{0.5+0.8}+1\right)\times\left(\frac{700-550}{0.5+0.8}+1\right)\times2=5556.21\text{m}$$

【注释】 30——路面宽度；
0.5——灰土挤密桩桩径；
0.8——桩间的前后及相邻距离；
700、550——桩号；
2——灰土挤密桩的桩长度。

（二）路面工程量

1. 快车道路面

沥青混凝土面层面积：$S_1=16\times1300=20800\text{m}^2$

【注释】 16——快车道总宽度；
1300——道路总长度。

石灰、粉煤灰、土基层面积：$S_2=16\times1300=20800\text{m}^2$

【注释】 16——快车道总宽度；
1300——道路总长度。

碎石底层面积：$S_3=16\times1300=20800\text{m}^2$

2. 慢车道路面

沥青混凝土面层面积：$S_1=2\times4\times1300=10400\text{m}^2$

【注释】 2——慢车道条数；
4——每条慢车道宽度；
1300——道路总长度。

水泥稳定土基层面积：$S_2=2\times4\times1300=10400\text{m}^2$

【注释】 2——慢车道条数；
4——每条慢车道宽度；
1300——道路总长度。

水泥稳定碎石底层面积：$S_3=2\times4\times1300=10400\text{m}^2$

3. 树池的个数

$$\left(\frac{1300}{5}+1\right)\times2=522\text{个}$$

【注释】 1300——道路总长度；
5——相邻树池间的间距；

2——设置有树池的人行道条数。

树池的面积：$S=522\times0.75\times0.75=293.625\text{m}^2$

【注释】 522——树池的个数；

0.75——树池的尺寸。

4. 隔离护栏的长度

$$L=(1300-5\times8)=1260\text{m}$$

【注释】 1300——道路总长度；

5——隔离护栏的每个开口宽度；

8——隔离护栏的开口个数。

5. 人行道路面

彩色花砖面积：$S_1=2\times2\times1300-293.625=4906.375\text{m}^2$

【注释】 2——人行道条数；

2——每条人行道宽度；

1300——道路总长度；

293.625——树池的总面积。

石灰稳定土基层面积：$S_2=2\times2\times1300-293.625=4906.375\text{m}^2$

【注释】 2——人行道条数；

2——每条人行道宽度；

1300——道路总长度；

293.625——树池的总面积。

砂砾石底层面积：$S_3=2\times2\times1300-293.625=4906.375\text{m}^2$

清单工程量见表9-1。

清单工程量计算表　　**表9-1**

序号	项目编码	项目名称	项目特征描述	计量单位	工程量
1	040201004001	掺石灰	含灰量5%	m³	25740
2	040201017001	灰土挤密桩	地层湿软，桩长为2m，桩径为0.5m，振动成孔	m	5556.21
3	040203006001	沥青混凝土	4cm厚细粒式石油沥青，石料最大粒径为20mm	m²	20800
4	040203006002	沥青混凝土	6cm厚粗粒式石油沥青，石料最大粒径为60mm	m²	20800
5	040202004001	石灰、粉煤灰、土	厚度20cm，配合比10∶35∶45	m²	20800
6	040202011001	碎石	厚度15cm	m²	20800
7	040203006003	沥青混凝土	6cm厚粗粒式石油沥青，石料最大粒径为40mm	m²	10400
8	040202003001	水泥稳定土	厚度15cm	m²	10400
9	040202015001	水泥稳定碎石	厚度20cm		10400
10	040204007001	树池砌筑	尺寸0.75cm×0.75cm	个	522
11	040205012001	隔离护栏	—	m	1260
12	040204002001	人行道块料铺设	厚度为5cm的彩色花砖，水泥稳定土、砂砾石基础	m²	4906.375
13	040202002001	石灰稳定土	厚度4cm，含灰量10%	m²	4906.375
14	040202009001	砂砾石	厚度为15cm	m²	4906.375

二、定额工作量

（一）路基工程量

1. 掺石灰（含灰量5%）工程量

$$V=(30+0.5\times2+3\times1)\times0.6\times1300=26520\text{m}^3$$

【注释】 30——路面宽度；
0.5——每侧的路基加宽值；
2——表示两侧路基；
3——路基填土高度；
1——路基填土坡度系数；
0.6——掺石灰厚度；
1300——道路总长度。

2. 灰土挤密桩工程量

$$L=\left(\frac{30+0.5\times2}{0.5+0.8}+1\right)\times\left(\frac{700-550}{0.5+0.8}+1\right)\times2=5783.431\text{m}$$

【注释】 30——路面宽度；
0.5——每侧的路基加宽值；
2——表示两侧路基；
0.5——灰土挤密桩桩径；
0.8——桩间的前后及相邻距离；
700、550——桩号；
2——灰土挤密桩的桩长度。

（二）路面工程量

1. 快车道路面

沥青混凝土面层面积：$S_1=16\times1300=20800\text{m}^2$

【注释】 16——快车道总宽度；
1300——道路总长度。

石灰、粉煤灰、土基层面积：$S_2=16\times1300=20800\text{m}^2$

碎石底层面积：$S_3=16\times1300=20800\text{m}^2$

2. 慢车道路面

沥青混凝土面层面积：$S_1=2\times4\times1300=10400\text{m}^2$

【注释】 2——慢车道条数；
4——每条慢车道宽度；
1300——道路总长度。

水泥稳定土基层面积：$S_2=2\times4\times1300=10400\text{m}^2$

水泥稳定碎石底层面积：$S_3=2\times4\times1300=10400\text{m}^2$

3. 树池的个数

$$\left(\frac{1300}{5}+1\right)\times2=522\text{个}$$

【注释】 1300——道路总长度；

5——相邻树池间的间距；

2——设置有树池的人行道条数。

树池的长度：522×0.75×4=1566m

【注释】 522——树池的个数；

0.75——树池的尺寸边长；

4——每个树池的边数。

树池的面积：S=522×0.75×0.75=293.625m^2

4. 隔离护栏的长度

$$L=(1300-5\times8)\text{m}=1260\text{m}$$

【注释】 1300——道路总长度；

5——隔离护栏的每个开口宽度；

8——隔离护栏的开口个数。

5. 人行道路面

彩色花砖面积：S_1=2×2×1300−293.625=4906.375m^2

【注释】 2——人行道条数；

2——每条人行道宽度；

1300——道路总长度；

293.625——树池的总面积。

石灰稳定土基层面积：S_2=2×(2+2×0.5)×1300−293.625=5166.375m^2

【注释】 2——人行道条数；

2——每条人行道宽度；

2——表示两侧路基；

0.5——每侧路基加宽值；

1300——道路总长度；

293.625——树池的总面积。

砂砾石底层面积：S_3=2×(2+2×0.5)×1300−293.625=5166.375m^2